El cine fantástico de Spielberg:
Padres ausentes, niños perdidos

Cine
Serie dirigida por
Juan Orellana

Federico Alba

El cine fantástico de Spielberg

Padres ausentes, niños perdidos

Prólogo de Antonio Sánchez-Escalonilla

Colección Nuevo Ensayo, nº 23

Fotocomposición: Encuentro-Madrid
Impresión: Pulmen-Madrid
ISBN: 978-84-9055-176-9
Depósito Legal: M-1803-2017
Printed in Spain

Para cualquier información sobre las obras publicadas o en programa
y para propuestas de nuevas publicaciones, dirigirse a:

Redacción de Ediciones Encuentro
Ramírez de Arellano, 17-10.ª - 28043 Madrid - Tel. 915322607
www.edicionesencuentro.com

ÍNDICE

AGRADECIMIENTOS

Quiero agradecer a Juan Orellana por su apoyo constante y confianza para que este libro haya sido posible.

Gracias a Antonio Sánchez-Escalonilla por su importante inspiración y ayuda para encarrilar el proyecto por la buena dirección.

Gracias también a Javier Figuero por ayudarme a llegar a la meta con su paciencia, humildad, trabajo y conocimiento.

Y a José Luis Almarza por ayudarme a sostenerme en los malos momentos y a poner en valor lo importante.

Gracias a mi madre Carmen y a mis hermanos Carmen, Jorge, Javier, Víctor, Jana y Ameline por su amor, apoyo y oraciones. Gracias también a mis sobrinos Miguel Ángel, Laura, Javier, Daniela y Juliette, porque son la luz que ha iluminado mis días más oscuros.

Y en especial, gracias a mi padre, Federico, por transmitirme su curiosidad, pasión e interés por todo lo que atañe al ser humano, y también por su cariño y apoyo, por estar a mi lado en este mundo y desde el otro. Este libro está dedicado a él.

PRÓLOGO

Como a Federico Alba —entusiasta autor de este libro—, a los investigadores, aficionados o incluso imitadores del creador de E.T. e Indiana Jones siempre nos ha resultado incómoda la siguiente pregunta: *¿cuál es tu película favorita de Steven Spielberg?* Antes de que recibiera su primer Oscar en 1994 como director por *La lista de Schindler*, una respuesta sincera a esta pregunta requería un previo y rápido examen del interlocutor para evitar suspicacias o ironías.

Si se optaba por títulos como *Tiburón*, *Encuentros en la tercera fase* o *En busca del arca perdida* se corría el riesgo de ser acusado de ingenuo o superficial. Si se optaba por películas como *El color púrpura* o *El imperio del sol*, primeras apuestas de Spielberg para «madurar en la pantalla», la elección se recibía a menudo con un gesto de indiferencia ante lo que muchos *entendidos* en cine consideraban intentos fallidos de hacer un cine *profundo*. Tras la obtención del Oscar, reconocida al fin la maestría del cineasta, la filmografía del director contaba con obras de géneros muy variados pero la elección de cualquier título recibía nuevas objeciones: *¿Parque Jurásico?* *Merchandising* puro. *¿Salvar al soldado Ryan?* Solo me gustan los primeros veinte minutos. *¿Amistad?* Lenta, y encima se mete con los españoles. *¿Inteligencia artificial?* Lacrimógena y muy complicada, una traición a Kubrick. *¿La guerra de los mundos?* Cine de palomitas. *¿El puente de los espías?* Propaganda americana de estilo capriano...

En fin, daba igual la película escogida, su género, estilo o época. A Spielberg siempre se le exigía más porque sus estrenos generaban expectativas mucho mayores. Pero además, tanto en el mundo de la crítica como en el de la producción de cine o la investigación universitaria, el desdén hacia Spielberg siempre ha parecido un síntoma de buen gusto fílmico y así lo han atestiguado asiduos a cine-clubs setenteros o modernos espectadores *gafapastas*, adictos a festivales o salas de arte y ensayo. En los 90, un conocido crítico español aseguraba en un diccionario de cine que *El diablo sobre ruedas* —¡su *opera prima* de 1971!— era la única película destacable del director...

Pese a la controversia que el cine de Spielberg siempre ha generado en la crítica, permanece constante una evidencia: el director cuyo estudio nos ofrece hoy Federico Alba siempre ha realizado su cine pensando en el espectador, y esta guía le ha permitido ofrecer historias excelentes, conmovedoras y asombrosas. En efecto, se trata de un cineasta increíblemente intuitivo, desprovisto de titulación universitaria, formado mediante los cómics y la televisión de los 50, imitador de clásicos como Hitchcock, Lean y Truffaut, pero con un excepcional sentido del espectáculo, de la ética y de la narración de historias: tres notas inseparables del cine, tres piedras de toque que permiten reconocer la genialidad de una buena película más allá de pretensiones espurias de esteticismo o de —mucho peor— la búsqueda del aplauso de una élite cultural determinada.

Arriesguemos una respuesta. Como el autor de este libro, considero *E.T., El extraterrestre* la mejor película de Steven Spielberg. En 1982, año de su producción —este año se celebrará su 35º aniversario—, su acogida en las salas de cine alcanzó un éxito que la entronizó como película más taquillera desde el estreno de *Lo que el viento se llevó* en 1939. Connotaciones comerciales aparte, decir «ticket de taquilla» equivale a decir «espectador». Y el espectador es precisamente el referente fundamental del director: sin él resulta imposible el cierre del círculo creativo.

Otra de las notas o referentes artesanales del cineasta consiste en lo que el propio Spielberg denominaba en 1986 su «pasaporte de niño»: la clave de sinceridad ética con que plantea los conflictos dramáticos de sus personajes, y no solo en el ámbito fantástico o específicamente infantil. En *E.T.* se reúne buena parte de las constantes creativas del director: la búsqueda del hogar, la persecución como detonante narrativo, la superación de la tristeza, la capacidad de asombro, la lucha por la reunión familiar y, como aspecto dominante, la introducción de personajes corrientes en situaciones extraordinarias. De todas ellas, la capacidad de asombro constituye un misterio que actualiza nuestra admiración por la vida y, al mismo tiempo, renueva la sensibilidad infantil por el hallazgo de lo maravilloso dentro de lo rutinario.

Esta capacidad prodigiosa, que admiraba a escritores como Chesterton, Barrie, Saint-Exupéry o Tolkien, fue rescatada para el cine por Spielberg durante la década de los 70, cuando la cultura parecía desdeñar los géneros populares y el público miraba las salas de cine con indiferencia. Pero fue también entonces cuando el creador de E.T., junto a otros *movie brats* como George Lucas, Francis Ford Coppola o Brian De Palma, rescataron las historias clásicas de exploración y aventura para devolver al espectador el entusiasmo por el cine, con sus historias extraordinariamente rutinarias. Uno de los resultados de esta revolución fue el nacimiento de una segunda generación de directores apadrinada por productoras como Amblin, Lucasfilm o DreamWorks, en la que destacan nombres como Robert Zemeckis, Joe Dante y Chris Columbus, y cuyo eco todavía se deja sentir en los de J.J. Abrams, M. Night Shyamalan y Christopher Nolan... o incluso en títulos como *Super 8*, *Interstellar* o *Stranger Things*.

En una ocasión el crítico de cine Gene Siskel preguntó a Steven Spielberg cuál era su escena favorita de cuantas había rodado. La sana curiosidad de Siskel no ocasionó ninguna suspicacia y el director respondió de inmediato: «Creo que la del niño pequeño de *Encuentros en la tercera fase* que abre la puerta y permanece en pie ante esa maravillosa pero terrorífica luz, que parece fuego que penetra por la puerta. Es muy pequeño, pero la puerta es inmensa, y hay un montón de promesas y peligros ahí afuera». La respuesta resume no solo la inquietud artística del cineasta en un momento dado de su carrera, sino también la clave que le ha empujado a contar historias a lo largo de cinco décadas. Por eso la imagen del pequeño Barry Guiler ante la puerta de su casa en Indiana es la síntesis perfecta de todo cuanto se pueda escribir sobre Spielberg.

El libro que tenemos ahora en nuestras manos, y cuya lectura no debe dilatarse un minuto más, intenta explorar ese misterio que ha inspirado a uno de los mejores narradores de la historia del cine. Contagiado por un entusiasmo que también comparto, y del que soy testigo, Federico Alba ha estudiado desde su conocimiento como guionista y realizador las técnicas del director *storyteller*, y para ello parte de una de las paradojas del estilo de Spielberg: la elocuencia de la elipsis. Es decir, el atractivo de aquello que no se muestra en pantalla pero que, curiosamente, resulta más poderoso que la imagen explícita. Esta clave creativa fue la hipótesis de su tesis doctoral, que ahora nos ofrece desprovista de ganga académica, para disfrute de los que vemos, pensamos y leemos cine.

Y, sin más dilación, acompañemos al pequeño Barry y crucemos el umbral junto al autor de este libro.

Antonio Sánchez-Escalonilla
Profesor Titular de Guion Audiovisual
Universidad Rey Juan Carlos

1. INTRODUCCIÓN

Todos los que nos movemos profesionalmente alrededor del cine podemos recordar nuestro momento de enganche al séptimo arte. No necesariamente la primera película que vemos, aunque puede coincidir, sino esa película que por primera vez nos absorbe por completo, nos traslada a otro mundo, abre nuestra imaginación y ocupa nuestra mente durante días, solo para comprobar que ya no nos abandonará nunca. Para mí, como para tantos otros niños de mi generación, ese momento fue el estreno de *E.T. El extraterrestre*. Es la película que hizo que me enamorara del cine, y que por tanto ha marcado inevitablemente el trascurso de mis decisiones profesionales y de mi vida.

Steven Spielberg es el primer nombre que asocié con el término «director de cine». La simple idea del director, del autor principal de la película, se originó en esos días leyendo y oyendo sobre aquella película. Así, como tantos otros de los nacidos al albor de la democracia, me considero hijo cinematográfico de Spielberg.

Probablemente ese hechizo que ejerce el director de Ohio sobre tantos espectadores que crecieron con su cine esté relacionado con su modo de afrontar el cine fantástico, con una mirada llena de asombro e inocencia, lo que los americanos llaman *sense of wonder*. Este «sentido de la maravilla» se traduce en transmitir una sensación de estar presenciando un acontecimiento extraordinario, no sólo por su carácter paranormal, sino por una trascendencia añadida, como si por unos instantes se abriera una puerta que nos dejara ver un mundo que siempre ha estado presente, pero no éramos capaces de verlo.

La razón de este libro, pues, surge de un interés intelectual, por supuesto. Pero también, en cierta medida, enormemente personal. El visionado constante de las películas de Spielberg (en especial el cine fantástico, para el que muestra un toque inimitable) y el disfrute de su manera de hacer me ha llevado a plantearme cuál es su conexión con este género, qué tienen estas historias maravillosas que hacen que surja lo mejor del director. Asimismo, me lleva a preguntarme qué es lo que constituye el estilo del director, cuál es su sello, qué hay de distinto respecto a los demás. Y a partir de percibir ciertos recursos consistentes, me pareció que había campo amplio que explorar.

¿Por qué estudiar, además de los temas que trata, los recursos narrativos de un director? Principalmente, entendemos que las elecciones estilísticas en el arte, por insignificantes o circunstanciales que nos parezcan, encierran las claves para entender el significado más profundo de las obras o para descubrir las más arraigadas motivaciones de los creadores. Ya lo apuntó el director suizo y revolucionario del lenguaje cinematográfico, Jean-Luc Godard, al decir que un *travelling* es una cuestión de moral[1].

Es decir, el auténtico director de cine sabe que cada elección de un ángulo de cámara, un encuadre, un movimiento, transmite una idea respecto a lo que se está rodando, la forma comunica el contenido (si la obra es formalmente buena). Dos directores que rueden la misma escena pueden estar ofreciendo dos narraciones distintas, dos valoraciones morales distintas, dos visiones del mundo distintas, en definitiva.

Hay veces en que un director elige rodar un plano de una determinada manera sabiendo de antemano qué quiere transmitir o la idea que pretende evocar. En otras ocasiones las elecciones son intuitivas, pero en ningún caso desprovistas de esas connotaciones. Es más, es posible que esa intuición encierre motivaciones

---

1 Godard, J. L. *et al.* «Hiroshima, notre amour». *Cahiers du Cinéma*, 97, julio 1959, pp. 1-18.

subconscientes, y puede resultar aún más misterioso y apasionante su estudio.

Por eso, la parte más importante del estudio es la implicación temática de los recursos analizados. No me parecería interesante limitarme a demostrar que un director usa un determinado recurso con frecuencia, o que su forma de narrar tiene tales o cuales características, si eso no va acompañado de una reflexión sobre cómo influye esa forma en los temas que trata. El cine es comunicación, y por lo tanto la forma es importante no en sí misma, sino en cuanto a que es el vehículo del contenido.

Afortunadamente, como veremos, el director objeto de nuestra mirada atesora un mundo personal muy definido, con una serie de temas recurrentes muy claros. Esto nos permite establecer mejor relaciones entre forma y contenido. Al mismo tiempo, es evidente que en los temas habituales del autor tiene una gran importancia su experiencia personal, particularmente durante su infancia y adolescencia. Eso da pie a la tercera coordenada: la biografía del director como fuente de inspiración para sus temas, y en consecuencia, para su forma de contarlos. No se trata de analizar psicológicamente al sujeto, ni de pretender indagar en su intimidad, sino de relacionar hechos concretos dados a conocer por el mismo autor, con determinados temas, y la forma de presentarlos en sus películas. La intención es obtener una idea general clara de los rasgos que definen a un autor.

El mejor camino para estudiar el estilo de Spielberg es sin duda centrarse en su recorrido por el cine fantástico. Es en este género donde el director parece desarrollar su estilo visual en su máxima expresión, es el género spielbergiano por definición. Veremos cómo el descubrimiento de esos mundos ocultos tiene su perfecta traslación a imágenes mediante ciertos recursos visuales que han terminado convirtiéndose en recurrentes en el cine del autor. Principalmente, son recursos de ocultación encaminados a darnos a entender la presencia de esos mundos sin mostrarlos abiertamente.

El otro apartado fijo dentro de los capítulos dedicados a cada película es el análisis de ciertas escenas destacadas. Probablemente algún lector se sorprenda por la selección de los fragmentos estudiados. Puede que falte algún momento que se considere paradigmático de alguna de las películas, o que se incluyan otros que parezcan intrascendentes. Pero se han elegido estas secuencias por cuanto ponen de relieve el inconfundible sello de Steven Spielberg como director de cine fantástico, su habilidad para crear momentos de gran emoción, muchas veces a partir de ocultar el elemento que en teoría debería ser el centro de la escena, derivando la atención a las reacciones humanas.

Intentando recuperar esa mirada luminosa y asombrada con la que tantos asistimos a nuestra primera proyección de *E.T.*, les invito a adentrarse en este viaje por los mundos ocultos en el cine fantástico de Steven Spielberg.

2. LA FIGURA DE STEVEN SPIELBERG

Es importante ofrecer un retrato del autor que va a ser objeto de estudio. No se trata de profundizar en todos los pormenores de su vida y su obra, pues no estamos ante un trabajo biográfico, pero sí ofrecer los trazos principales que nos sirvan de base para analizar su trabajo. En este capítulo vamos a hacer un repaso a su vida y obra y a exponer los temas principales que aparecen en su filmografía.

El caso que nos ocupa es paradójico, pues se trata con seguridad del director de cine en activo más famoso del mundo. Pero esa fama es un arma de doble filo: por un lado, su innegable popularidad es un elemento favorable para considerarlo como personaje digno de estudio. Por otro lado, la crítica «seria» tiende a despreciar a los cineastas demasiado comerciales, y Spielberg ha sido uno de sus blancos favoritos desde sus primeros éxitos.

Además, su fama también propicia que el público general tenga una imagen algo estereotipada del cineasta y de su obra: la caricatura de un director únicamente preocupado por el éxito comercial, cuyas películas están diseñadas para un público infantil o adolescente, y que tienen una gran carga sentimental. Como todos los estereotipos, se trata únicamente de una exageración simplista, que no hace justicia al personaje.

Sin embargo, por encima de consideraciones subjetivas sobre su arte, no se puede negar la enorme influencia que el director estadounidense ha tenido en el cine de todo el mundo. Existe una escuela de estilo reconocible que nace en su cine (que él mismo ha cultivado en las películas que ha producido a otros directores) y encontramos en su obra una gran coherencia temática.

Muchos directores de género surgidos a partir de los años 80 se consideran discípulos cinematográficos de Spielberg. Su forma de hacer cine, con una puesta en escena dinámica y una narrativa muy orientada a la emoción, ha marcado el cine mundial de los últimos treinta años.

Desde el estreno de *Tiburón* (*Jaws*, 1975), su primer gran éxito, se puede hablar también de un absoluto reinado en las preferencias del público. Toda una generación de espectadores ha quedado marcada por sus películas. También por las que ha producido, primero con su mítica compañía Amblin (que ofreció más de una década de clásicos del cine de entretenimiento) y después con Dreamworks. Este sedimento permanente sitúa a Spielberg posiblemente como uno de los últimos cineastas clásicos, tanto en el terreno de la dirección como de la producción.

Esta posición del cineasta como figura clave cultural en la historia contemporánea no deja de refrendarse por los medios de comunicación más prestigiosos: La revista cinematográfica *Premiere* lo situó en el primer puesto de la lista de personas más influyentes en la industria del cine. *Life* le nombró la persona más influyente de su generación. *Time* le incluyó en la lista de las cien personas más importantes del siglo XX.[2]

Es evidente que Spielberg cambió la industria del cine. Y no faltan, por supuesto, las voces que le acusan de la falta de creatividad palpable en el Hollywood contemporáneo. Sobre todo porque Spielberg apareció en los años 70, un momento de grandes cambios en el cine norteamericano: los grandes estudios habían entrado en crisis desde la década anterior. Ya no tenían el mismo éxito las grandes producciones musicales, históricas, los westerns... El público joven se sentía alejado del cine de Hollywood, y los géneros y modos de hacer tradicionales se empezaron a poner en cuestión. Este

[2] *E.T. El extraterrestre*. Libreto adjunto al Blu-ray *E.T. El extraterrestre. Edición limitada*. Madrid, Universal Pictures Iberia, 2012.

proceso ya había ocurrido en Europa con anterioridad, dando origen a las corrientes renovadoras de los años 50 y 60: el Neorrealismo italiano, la *Nouvelle Vague* francesa, el *Free Cinema* inglés, e incluso el modesto Nuevo Cine español.

Así las cosas, empiezan a llegar a Hollywood jóvenes realizadores (la primera generación formada por la televisión), influidos por estas corrientes europeas, que buscan un mayor realismo, con rodajes en localizaciones reales, un estilo de cámara más dinámico, cercano a las técnicas documentales, interpretaciones más naturalistas... Y temáticamente buscan historias sociales y se acercan más a las inquietudes de la juventud de los 60, siendo un rasgo característico el cuestionamiento del poder y de las instituciones, desde la familia al gobierno. El arrollador éxito de *Bonnie y Clyde* (*Bonnie & Clyde*, Arthur Penn, 1967) da el pistoletazo de salida a lo que se denominó el Nuevo Hollywood.

Los estudios habían cedido buena parte de su poder a empresas menores, dirigidas por jóvenes cineastas que producían películas pequeñas sobre dramas cotidianos, reflejos de la realidad convulsa de esa época. Para algunos críticos esa fue la última gran época del cine norteamericano, y culpan a Spielberg y a George Lucas de su desaparición:

> Puede decirse que Lucas y Spielberg lograron que el público de los setenta, muy intelectualizado tras años de alimentarse de películas europeas y del Nuevo Hollywood, regresaran a la sencillez de la Edad de Oro del cine, anterior a los años sesenta [...] Atravesaron el espejo pero hacia atrás, con películas que eran el polo opuesto de las rodadas por sus colegas del Nuevo Hollywood. [...] Infantilizaron al público, reconstruyeron al espectador-niño, y lo abrumaron con sonido y espectáculo, eliminando la ironía, la afectación estética y la reflexión crítica.[3]

Es muy discutible que el público estadounidense fuera en masa a ver cine europeo «intelectual» en los años 70.

Nuevamente estamos ante una simplificación injusta: pocos críticos negarían hoy a las mejores películas de Spielberg valores

[3] Biskind, P. *Moteros tranquilos, toros salvajes*. Barcelona, Editorial Anagrama, 2004, p. 446.

estéticos e incluso temáticos. Como bien observa el investigador Antonio Sánchez-Escalonilla, los recelos de estos críticos cercanos a la ideología de mayo del 68 pueden tener que ver con la falta de complejos con la que Spielberg muestra sus valores:

> Un estudio detallado de Steven Spielberg, que suele ser víctima de encasillamientos superficiales, revela una genialidad poco común en el manejo de los géneros, que le permite hablar siempre de las mismas cosas a través de la aventura, el melodrama o la ciencia-ficción. [...] Toda su obra brota de su propia intimidad, del niño y del padre que lleva dentro. Pero la genialidad no se improvisa: se gana con la experiencia técnica y con la reflexión interior. Y, si algo conoce Spielberg, son los valores humanos. El director de *E.T.* habla siempre de ellos, aunque no estén de moda o resulte políticamente incorrecto hablar de ellos.[4]

En cualquier caso, puede comprobarse que, para bien o para mal, se reconoce a Spielberg como factor de cambio en las estructuras de la industria cinematográfica más importante del mundo, y tampoco se le puede culpar de los cambios producidos por el éxito de sus filmes.

Su papel como productor es también importantísimo, siendo capaz de financiar los proyectos que más le interesan, tanto para sí mismo como para otros directores. Esta inusual independencia es un elemento muy a tener en cuenta en un entorno como la industria norteamericana, en la que muchas veces los artistas deben ceder ante criterios puramente comerciales. De hecho, hay quien define a Spielberg como «el cineasta americano verdaderamente independiente, capaz de hacer su trabajo con mínima injerencia creativa y con muy pocas restricciones presupuestarias.»[5]

2.1. Biofilmografía

Steven Allan Spielberg nació el 18 de diciembre de 1946 en Cincinnati, Ohio. Su padre, Arnold Spielberg, ingeniero informático, estaba viajando constantemente, y por lo tanto su ausencia se hacía

---

4 Sánchez-Escalonilla, A. *Steven Spielberg. Entre Ulises y Peter Pan.* Madrid, Dossat, 2004, p. 469.

5 Scott, A. O. «The Studio-Indie, Pop-Prestige, Art-Commerce King», *New York Times*, 9 de noviembre de 2003, pp. 60-63.

notar en el hogar. Esta ausencia paterna es un dato de enorme interés para afrontar nuestro estudio: «Siempre sentí que mi padre ponía su trabajo por delante de mí. Siempre pensé que me amaba menos que a su trabajo y yo sufría como resultado.»[6]

Resulta también significativo que su padre luchara en el escuadrón de bombarderos 490 en la II Guerra Mundial, teniendo en cuenta las continuas aproximaciones a esa contienda y a esa época en el cine de Spielberg.[7]

Los continuos cambios de residencia y la difícil convivencia de sus padres hicieron que la infancia de Spielberg no fuera fácil. Siempre era el «niño nuevo» de la clase, solitario y ensimismado, a lo que se sumaba su aspecto débil y desgarbado, que le convertía en objeto de constantes burlas. Él mismo ha dicho que se sentía «como un alien», y que notaba un «irrefrenable deseo de integración.»[8]

Es indudable, en cualquier caso, que esta alienación fue un factor importante para que el pequeño Steven desarrollara una poderosa imaginación, creando historias fantásticas desde muy temprana edad, así como un vivo interés por los comics y el cine de ciencia-ficción, otra probable vía de escape a su carácter reservado y sus problemas personales: «Siempre he vivido con la cabeza metida en las nubes y siempre he estado interesado en la ciencia-ficción, la ciencia-fantasía y la ciencia-especulación.»[9]

También se dio cuenta de que le gustaba influir emocionalmente en las personas de su entorno, por ejemplo creando terroríficas y elaboradas bromas para sus tres hermanas menores, haciéndoles creer que algún espíritu se ocultaba en el armario de su dormitorio (quizás anticipando la idea de *Poltergeist*), produciendo extraños ruidos, disfrazándose...

---

[6] McBride, J. *Steven Spielberg: A Biography*. Nueva York, Simon & Schuster, 1997, p. 41.

[7] Sala, A. «La II Guerra Mundial. Entre el contexto referencial, el marco histórico y la pasión fabuladora», *Dirigido por...*, 443, 2014, pp. 64-70.

[8] Cohen, C. *Maestros del cine: Steven Spielberg*. París, Cahiers du Cinéma Sarl, 2010, p. 8.

[9] Sánchez-Escalonilla, A. Op. cit. p. 22.

Estos dos elementos, la difícil infancia de Spielberg y su deseo de influir en los demás, parecen haber dado forma a su vocación como director de cine, y más concretamente a su estilo tan centrado en el público:

> «Estaba entusiasmado con el control que las películas me daban, al crear una secuencia de acontecimientos [...]. Creo que fue el darme cuenta de que podía cambiar el modo en que percibía la vida a través de otro medio, hacer que tuviera un mejor resultado para mí. Y ver si lo que estaba haciendo tenía un efecto en alguien aparte de mí».[10]

Spielberg es producto del *American way of life* de los años 50, una generación marcada por el bienestar económico, el mundo suburbano (representado con frecuencia en su cine) y sobre todo, la televisión. El propio Spielberg la llamó «su tercer padre»[11]. No parece casual que en dos de sus producciones (*Poltergeist* y *En los límites de la realidad*) haya personajes que son literalmente absorbidos por su televisor. En muchas de sus películas como director, el electrodoméstico tiene momentos destacados, y a menudo es un elemento constante de ambientación en esos barrios suburbanos que retrata.

También le influyó en esos años el cine de serie B, que determina su interés por la ciencia-ficción. Así como las películas de John Ford, Alfred Hitchcock y David Lean, grandes narradores que llegaban al gran público sin renunciar a su estilo y temas recurrentes.

Desde muy temprana edad realizó películas caseras con la cámara de súper-8 de su padre. Algunos temas y ambientaciones habituales de su cine aparecen ya en estos primeros escarceos: la II Guerra Mundial en *Fighter Squad* (1960) y *Escape to Nowhere* (1962) y por supuesto, la ciencia-ficción en su obra *amateur* más ambiciosa: *Firelight* (1964), una película de 135 minutos en 8 mm que parece anticipar *Encuentros en la tercera fase*: ovnis, ambientes suburbanos, abducciones, familias disfuncionales... Spielberg incluso consiguió que un cine de Phoenix proyectara la película como evento especial.

---

10 Schickel, R. *Spielberg: A Retrospective*. Londres, Thames & Hudson, 2012, p. 14.

11 Cohen, C. Op. cit. p. 8.

Finalmente empezó sus estudios superiores en la Universidad de Long Beach. No llegó a terminarlos, pues tras unas prácticas veraniegas en los Estudios Universal, se las arregló para establecer contactos y poder seguir asistiendo a los rodajes. Allí pasó varios años observando trabajar a los directores y a los montadores (lo que seguramente le aseguró un gran dominio del lenguaje visual), y finalmente consiguió que le produjeran su primer cortometraje en 35 mm, *Amblin* (1968). El corto cayó en manos de Sid Sheinberg, vicepresidente de Universal TV, que ofreció a Spielberg un contrato de siete años a 275 dólares por semana. Allí empezó a foguearse como director en series de televisión como *Colombo* (dirigió el episodio piloto, *Murder by the book*) y *telefilmes* de diversos temas. Uno de ellos, *El diablo sobre ruedas* (*Duel*, 1971), basado en un relato de suspense de Richard Matheson, fue tan elogiado en su pase televisivo que en Europa se estrenó en salas comerciales (Spielberg tuvo que rodar algunas escenas adicionales para llegar a los noventa minutos). Rodada en tan solo 16 días y con un equipo reducido, sorprendió el manejo del lenguaje cinematográfico del joven realizador. La analizaremos profusamente en su capítulo corresponidente.

La buena acogida de *El diablo sobre ruedas* permitió a Spielberg debutar en el mundo del largometraje cinematográfico con *Loca evasión* (*The Sugarland Express*, 1973), que tuvo una escasa repercusión. Sin embargo, ya en esta primera película asistimos a un intento de reunión familiar, pues a la pareja protagonista le quieren quitar la custodia de su hijo, lo que origina la huida que da pie a la historia. *Loca evasión* es un producto típico de esta era del «nuevo Hollywood»: una historia realista con trasfondo social, centrada en el drama de unos personajes humildes enfrentados a unas autoridades opresoras. Es posible que Spielberg se dejara llevar por los consejos de sus coetáneos o por las corrientes de opinión para aceptar dirigirla, pero el caso es que en ningún momento parece cómodo en ella. Aún no atesoraba la madurez necesaria para profundizar en una historia así, y por otro lado el primerizo director no es capaz de encontrar el tono adecuado, resultando en una extraña mezcla de drama y comedia que no llega a cuajar.

Spielberg necesitaba un gran éxito, y lo consiguió gracias a *Tiburón* (*Jaws*, 1975), que se convirtió en el mayor éxito de taquilla hasta entonces conocido, llegando a propiciar un cambio en el sistema de exhibición en las salas norteamericanas:

> *Tiburón* cambió la industria para siempre, pues los estudios descubrieron el valor de contar con amplias posibilidades de exhibición —el número de salas aumentó a dos mil y más en la década siguiente— y la publicidad masiva por televisión, dos factores que aumentaban los gastos de *marketing* y distribución a la vez que reducían la importancia de la crítica impresa.[12]

La película supone un nuevo ejercicio de estilo en que Spielberg tuvo que adaptarse a unas circunstancias de rodaje muy difíciles, ya que el tiburón mecánico no funcionaba bien, y el inestable rodaje en el mar hacía imposible obtener todas las tomas que el director consideraba necesarias. Sin embargo, Spielberg supo revertir esos problemas e incluso sacar provecho artístico de ellos, como veremos en el estudio de la cinta.

En su siguiente película, Spielberg trató por primera vez uno de sus temas favoritos: el contacto con seres de otros planetas. *Encuentros en la tercera fase* (*Close Encounters of the Third Kind*, 1977), fue un nuevo triunfo de taquilla para su autor. Coincidió en el mismo año con el estreno de *La guerra de las galaxias* (*Star Wars*, 1977), de su amigo George Lucas (es conocida la anécdota de que Spielberg propuso a Lucas intercambiar un punto de beneficios de las dos películas, ya que fue de los pocos que supo predecir el arrollador éxito de la saga galáctica). Ambas películas pusieron de moda la ciencia-ficción. Nuevamente aparecen familias disfuncionales, padres ausentes y absorbidos por sus obsesiones y niños perdidos. Otro rasgo que separa esta obra de la ciencia-ficción de los años anteriores es la visión benigna de los extraterrestres, aspecto que el director desarrollará más en *E.T.*

Después de dos enormes éxitos, Spielberg sufre un gran descalabro con su primer acercamiento a otro de sus temas habituales:

---

[12] Biskind, P. Op. cit. p. 360.

la II Guerra Mundial. El fracaso de *1941* (1979) puede deberse a su tono de comedia alocada, muy poco apropiado para el tema que trata y su recreación realista de la época: «La recepción de *1941* estaba similarmente conectada con el conflicto discursivo [...] Si *1941* hubiera abandonado el realismo y se pareciera más a *Helzapoppin'* o incluso *El mago de Oz*, podría haber sido aceptable.»[13]

Nuevamente nos encontramos con un caso de «pez fuera del agua». *1941* pretende parecerse a otras comedias alocadas de finales de los 70 y principios de los 80, como *Desmadre a la americana* (*Animal House*, John Landis, 1978) o *Aterriza como puedas* (*Airplane!*, Jerry Zucker, Jim Abrahams, David Zucker, 1980). Quizás Spielberg pretendía nuevamente sumarse a una corriente en boga que no dominaba, saliendo escaldado del intento. Los complicados *gags* visuales de la película resultan más engorrosos que divertidos, y la acumulación de personajes y situaciones termina agotando al espectador.

Spielberg necesitaba demostrar que era un autor de éxito, y nuevamente acertó de pleno con su siguiente película: *En busca del arca perdida* (*Raiders of the Lost Ark*, 1981), producida por George Lucas, junto al que creó para el *film* a uno de los iconos del cine de aventuras de todos los tiempos: Indiana Jones. Al igual que *La guerra de las galaxias* se inspiraba en los seriales de ciencia-ficción de los años 30, las peripecias y el personaje de Indiana Jones surgen de los seriales de aventuras exóticas de la misma época. El dinamismo visual de Spielberg demostró ajustarse como un guante a esta propuesta, convirtiéndose en una de sus películas más populares. El carisma de Harrison Ford en la piel de Indiana Jones, el tono desenfadado y nostálgico, y el punto místico alrededor del Arca de la Alianza resultan combinar en un cóctel perfecto, posiblemente en la mejor película de aventuras jamás creada.

Seguidamente, Spielberg pensó en una película pequeña, centrada en un niño que intenta superar el divorcio de sus padres. Esa película acabaría siendo *E.T. El extraterrestre* (*E.T.*, 1982), y

---

[13] Morris, N. *The Cinema of Steven Spielberg: Empire of Light*. Nueva York, Columbia University Press, 2007, p. 52.

se convertiría en la película más taquillera de la historia, un récord que ostentaría durante más de una década. También resultó ser la obra más personal y representativa de su autor, que aún la sitúa como la película que prefiere de todas las que ha rodado.

A pesar del atractivo universal de la cinta y del reconocimiento de la industria del cine con la nominación al Oscar a la mejor película entre otros, la crítica seguía mostrándose dividida ante el director. Sin embargo, no se puede subestimar la gran importancia de *E.T.* en la vida y la carrera de Spielberg. Es un punto de inflexión en ambas esferas. Por un lado, le hizo tomar una seria decisión vital que influirá sobre su cine: «*E.T.* fue una gran experiencia para mí porque quise ser padre después de hacerla. Yo no era padre, y de algún modo me convertí en padre de esos tres chicos, especialmente Drew Barrymore, así que esa película cambió mi vida de un modo muy tangible.»[14]

Por otro lado, supuso una culminación de la primera etapa de su carrera, y le hizo marcarse nuevas metas: «Para mí *E.T.* fue la historia esencial de mi infancia y al mismo tiempo el final de mi infancia, y me dio el coraje, basado en su éxito, para empezar a tratar temas más adultos. *E.T.* me dio una especie de permiso para fallar.» [15]

En cualquier caso, el arrollador éxito del pequeño extraterrestre coronó definitivamente a Spielberg como rey de Hollywood, permitiéndole a partir de ese momento producir sus propias películas y elegir libremente el curso de su carrera.

El estilo cinematográfico de Spielberg creó escuela en los años 80, y él mismo apoyó a algunos de sus más aventajados discípulos a través de su productora, Amblin. Éxitos como *Poltergeist* (Tobe Hopper, 1982), *Gremlins* (Joe Dante, 1984), *Los Goonies* (*The Goonies*, Richard Donner, 1985) o *Regreso al futuro* (*Back to the Future*, Robert Zemeckis, 1985) tienen el sello inconfundible de su productor.

---

14 Schickel, R. *Spielberg: A Retrospective*. Londres, Thames & Hudson, 2012, p.89.

15 Ibídem, p.90.

Al mismo tiempo, el ya llamado «Rey Midas» de Hollywood se apuntó un nuevo éxito como director con *Indiana Jones y el templo maldito* (*Indiana Jones and the Temple of Doom*, 1984), segunda aventura de Indiana Jones, ya consolidado como el héroe de acción más exitoso de los 80. Una nueva muestra de la pericia narrativa y técnica de Spielberg, que sin embargo renegó tiempo después de la película, debido a su tono sombrío y a algunas escenas demasiado escabrosas. Sin embargo, el público la acogió con los brazos abiertos ante el festín de aventuras presentadas impecablemente gracias al consolidado saber hacer del director.

Por otro lado, la película supone un importante hito personal para Spielberg, ya que conoce a la actriz Kate Capshaw, con la que contraería matrimonio después de su traumático divorcio a finales de los 80, y que le ofrecería la definitiva estabilidad familiar que el autor tanto anhelaba.

1985 es un año importante en la vida del director (y ello se reflejará también en un giro en su carrera, que es lo que nos interesa), ya que se convierte en padre por primera vez: nace su hijo Max.

Puede que fuera a raíz de este acontecimiento, pero el caso es que Spielberg quería demostrar que era capaz de hacer un cine más maduro, más serio. Llevaba tiempo preparando una versión de Peter Pan, pero el nacimiento de su hijo le hizo cambiar de planes: «Mi hijo nació, y yo perdí mi apetito por el proyecto. Porque de repente ya no podía ser Peter Pan. Tenía que ser su padre [...] De algún modo, mi hijo se llevó mi infancia.»[16]

Así fue como decidió hacerse cargo de *El color púrpura* (*The Colour Purple*, 1985), un drama sobre un tema social (el racismo), basada en una novela de prestigio. Su esfuerzo fue recibido con críticas desiguales, y un nuevo desaire de la Academia de Hollywood, que nominó la película a 11 Oscars, y no le concedió ninguno. Es posible que en aquel momento sus colegas de la industria del cine no le perdonaran el éxito comercial, y pretendieran con ese desprecio cerrarle las puertas del reconocimiento artístico,

---

16 Friedman, L. y Notbohm, B. (Ed.) *Steven Spielberg: Interviews*. Jackson, University of Mississippi Press, 2000, p. 152-53.

porque vista en retropectiva, *El color púrpura* resulta una película sorprendentemente sólida y madura, sin perder la luz y la agilidad narrativa que caracteriza al cine de Spielberg. El director no rehúye ningún tema escabroso ni momento delicado, y consigue mantener un equilibrio tonal que no llega a deslizarse hacia el sentimentalismo.

El autor de Ohio insistió en el género del melodrama, aunque esta vez con la II Guerra Mundial como telón de fondo. *El imperio del sol* (*Empire of the Sun*, 1987) es la primera incursión dramática de Spielberg en ese período. Gracias a ella descubrió a un excelente actor llamado Christian Bale. El joven protagonista vive una historia plenamente propia de Spielberg: es separado de sus padres y finalmente se reúne con ellos. Por medio, sus terribles experiencias en la guerra le hacen perder la inocencia. Esa idea de la pérdida de la inocencia parece expresar lo que estaba sucediendo en el cine de Spielberg:

> «Es exactamente lo contrario a un hombre que descubre la realidad a través de la mirada de un niño que todavía vive en él. Lo contrario también de lo que siempre había sido mi credo. Todo aquello me animó a filmar *El imperio del sol.* Enseguida comprendí que el hecho de hacer esta película en el momento preciso de cumplir los 40, no era ni mucho menos una coincidencia.»[17]

La imagen del niño arrojando al mar la maleta llena de recuerdos de infancia, de la que no se ha separado en toda su odisea, resulta una hermosa metáfora acerca del fin de la inocencia, tanto para el personaje como para el propio Spielberg.

Fue George Lucas el que convenció al director para volver al cine de aventuras con la tercera entrega del famoso arqueólogo del látigo: *Indiana Jones y la última cruzada* (*Indiana Jones and the Last Crusade*, 1989), nuevo éxito masivo en todo el mundo. Pero incluso en esta muestra de género de aventuras, aparecen las constantes de su cine, y continúa su proceso de maduración: al fin y al cabo, toda la película viene a contar la reconciliación del héroe con

---

[17] Sánchez-Escalonilla, A. Op. cit. p. 191.

su padre (un padre ausente y autoritario hasta entonces). El casting de Sean Connery como padre de Indiana es un guiño de reconocimiento al personaje de James Bond, «padre» cinematográfico del aventurero del látigo, ya que Spielberg siempre ha reconocido su afición por la saga 007 como germen de Indy.

El mismo año, Spielberg se da el capricho de rodar una nueva versión de una de sus películas favoritas: *Dos en el cielo* (*A Guy Named Joe*, Victor Fleming, 1943). La versión de Spielberg, *Always (para siempre)* (*Always*, 1989) fue un fracaso y está considerada una de sus peores películas. En su capítulo correspondiente analizaremos las razones detrás de este traspié.

Pero peor que el recibimiento de *Always* resultó para Spielberg vivir ese mismo año la experiencia del divorcio de la actriz Amy Irving, reviviendo en su propio matrimonio el trauma que le marcó como niño. Para empeorar la situación, los detalles del proceso fueron aireados ávidamente por la prensa de todo el mundo.

Fue entonces cuando decidió retomar su preciado proyecto de rodar una versión del mito de Peter Pan. Pero el acercamiento no podía ser el mismo que a principios de los 80: Spielberg necesitaba encontrar su punto de conexión con la historia, y lo encontró al mostrar a un Pan adulto que debe recordar quién fue para salvar a sus hijos de Garfio. «Aquí no se trata de salir de la infancia, sino de cerrarla sumergiéndose en ella una última vez.»[18]

Aparece un nuevo giro sobre los temas recurrentes de Spielberg: el personaje que tiene que aprender a ser padre, y en el proceso descubre su vocación paterna. *Hook. El capitán Garfio* (*Hook*, 1991), a pesar de la originalidad de su planteamiento, no fue bien recibida. Posiblemente el gran problema sea que la historia ya no estaba en el fluir creativo del director. Ya había rodado películas adultas donde decía adiós a su infancia, y el acercamiento reflexivo y adulto de *Hook* al tema de Peter Pan parece no encajar bien con las necesidades de ofrecer una película para el disfrute infantil.

Por otro lado, Spielberg no es capaz de crear un País de Nunca Jamás atractivo y creíble. El cine fantástico en que el director se

[18] Cohen, C. Op. cit. p. 49.

mueve mejor es el que presenta un mundo real en el que se introduce un elemento fantástico. Sin el asidero de una realidad conocida, Spielberg debe pasar de la ciencia-ficción a la fantasía pura, y el resultado es demasiado empalagoso y forzado. En cambio, las escenas del principio, situadas en el mundo real y mostrando la irrupción de la magia en él, tienen la fuerza del resto de películas fantásticas del autor.

El director recuperó su «toque de oro» en 1993, año en que estrena dos películas muy diferentes, pero ambas rotundos triunfos: *Parque Jurásico* (*Jurassic Park*, 1993) le proporcionó un éxito de taquilla arrollador, que influyó en el interés que empezaron a despertar los dinosaurios en muchos espectadores jóvenes. Además, vuelve a aparecer la figura del «padre a la fuerza» que descubre lo enriquecedor de la experiencia paterna. *Parque Jurásico* también supuso una revolución tecnológica al introducir dinosaurios enormemente creíbles creados por gráficos de ordenador.

Por otro lado, *La lista de Schindler* (*Schindler's List*, 1993), una película que funcionó bien en taquilla dada su condición de film en blanco y negro, de tres horas, con un tema tan dramático como el holocausto judío en la II Guerra Mundial. La crítica se rindió al fin a un drama del autor, y sus compañeros de Hollywood le recompensaron con su primer Oscar al mejor director. Parece que la temática tiene mucho que ver con este cambio de actitud (un cambio, en cualquier caso, puntual): «Al filmar los trazos de la inenarrable tragedia del pueblo judío, revela por primera vez en su carrera cinematográfica (y en su vida) su judaísmo, que hasta ese momento le había resultado problemático.»[19]

Sin embargo, el desarrollo del proyecto hizo que Spielberg reconectara con sus raíces judías, aspecto que había mantenido latente en su vida.

Tras un período de descanso, en 1997 intentó repetir la jugada con dos películas tan distintas como *El mundo perdido. Jurassic Park* (*The Lost World*, 1997), secuela de su éxito jurásico, que a pesar de volver a triunfar en taquilla no alcanzó las cifras de su

[19] Cohen, C. Op. cit. p. 61.

antecesora, y *Amistad* (1997), un nuevo drama con tema humano comprometido, en este caso la esclavitud de los africanos en EE.UU. La película no convenció a casi nadie, quizás por la falta de un punto de vista claro que guíe la historia (ya que pasamos de seguir a uno de los esclavos a centrarnos en un abogado e incluso en el Presidente de Estados Unidos). Tampoco le favorece un retrato muy maniqueo de los distintos personajes.

Así es como Spielberg decide volver a la II Guerra Mundial, y rueda *Salvar al Soldado Ryan* (*Saving Private Ryan*, 1998), que le reporta un segundo Oscar por su dirección, en buena medida por la impresionante escena del desembarco en Normandía, que ofreció un realismo inusitado, situando al espectador en medio de la batalla, y que ha tenido una gran influencia en el cine bélico posterior. El impresionante pasaje del desembarco parecía restar peso a la historia, cuando ésta resultaba muy cercana a la sensibilidad de Spielberg. No en vano, es en el fondo una nueva reunión familiar, la búsqueda de un «niño» perdido. Es también la película que marca el comienzo de una colaboración fructífera para el director, la que mantiene con el actor Tom Hanks.

En 1999 fallece el director Stanley Kubrick, amigo personal de Spielberg, y éste decide terminar un proyecto que estaban desarrollando juntos: *Inteligencia artificial* (*A.I.*, 2001) suponía el regreso de Spielberg a la ciencia-ficción, y sorprendió a sus seguidores por el tono algo sombrío, fruto de las aportaciones de Kubrick. A pesar de una acogida algo tibia por parte de la crítica y el público, *Inteligencia artificial* está siendo reivindicada como película de culto. Supuso, además, el primer film de una racha sorprendentemente prolífica del director (seis películas entre 2001 y 2005).

Le siguió otra muestra de ciencia-ficción igual de reflexiva, pero con un componente de acción que la convirtió en un nuevo éxito: *Minority Report* (2002). El protagonista sufre por haber perdido a su hijo, lo que mantiene la conexión temática con la obra del autor. Por otro lado, la película parece reflexionar sobre la pérdida de privacidad y libertades asociada a las políticas anti-terroristas posteriores al 11 de septiembre.

Se completa el trío que algunos críticos llaman la «trilogía del hombre que huye» con *Atrápame si puedes* (*Catch Me if You Can*, 2003), una curiosa y exitosa incursión del director en el género de la comedia, a pesar de la amargura que se destila en algunos momentos del filme. Nuevamente, Spielberg muestra una familia rota y de ese trauma surge la necesidad del protagonista, un excelente Leonardo DiCaprio, por estar constantemente huyendo. El policía que lo persigue implacablemente, interpretado por Tom Hanks, acaba convirtiéndose en una figura paterna.

Spielberg volvió a demostrar que se le daba bien ese género de la comedia dramática con *La terminal* (*The Terminal*, 2004), en la que muchos vieron influencias de Frank Capra. Igual que *Atrápame si puedes*, está basada en un caso real, el de un hombre que por un incidente diplomático acaba atrapado durante meses en la terminal de un aeropuerto. Tom Hanks interpreta a un personaje inocente e irresistible, que con su permanente actitud de espera y sentido común establece un contraste inusitado con el ritmo frenético que le rodea en la terminal.

En 2005 Spielberg volvió a obtener un doblete triunfal. Primero con el éxito de público de *La guerra de los mundos* (*War of the Worlds*, 2005), su primera muestra de ciencia-ficción con una visión negativa sobre la vida extraterrestre, y que tiene la particularidad de estar contada únicamente a través del punto de vista de una familia (desestructurada, cómo no). Como veremos en su capítulo correspondiente, este cambio de tono tiene su raíz en la historia reciente de Estados Unidos. Su otro éxito de 2005 es *Munich*, posiblemente su película más adulta y completa, que le mereció el reconocimiento de toda la crítica y una nueva nominación al Oscar. Aunque se le acusó de sionismo, la película presenta una historia equilibrada en la que se reflexiona sobre el ciclo interminable de venganza y violencia (la película apunta a que dicho ciclo continúa en el terrorismo del siglo XXI), que acaba despojando al hombre de su humanidad.

Tras esta actividad frenética, el director no volvió a ponerse tras las cámaras hasta que George Lucas le convenció para devolver a las pantallas al héroe más famoso de los años 80: *Indiana Jones y el reino de la calavera de cristal* (*Indiana Jones and the Kingdom of the Crystal Skull*, 2008) supuso un éxito de taquilla, pero decepcionó a la mayoría de seguidores de la saga. La culpa la tuvo un guión menos pulido que en las películas anteriores, así como una estética muy dependiente de los gráficos digitales, y por lo tanto alejada del carácter más artesanal y nostálgico de la trilogía original.

En 2011, Spielberg volvió a entregar dos películas el mismo año. La primera, *Las aventuras de Tintín: el secreto del Unicornio* (*The Adventures of Tintin*, 2011), supone el debut del director en la animación a través de la captura de movimientos, de modo que dirige a actores reales y un ordenador capta sus movimientos y expresiones faciales para traducirlos en animación 3D. Este proyecto une a Spielberg con otro «Rey Midas» del cine actual, Peter Jackson (responsable de la trilogía de *El Señor de los Anillos*), y está previsto que se extienda a dos películas más. El director aprovecha la libertad absoluta que le permite el medio virtual para ofrecer un *tour de force* visual y una frenética aventura, seguramente más cercana a la saga Indiana Jones que a los tebeos de Tintín. De hecho, hay quien sugirió que era una mejor película de Indiana que la propia cuarta entrega de la franquicia.

La otra película de aquel año es *War Horse (Caballo de batalla)* (*War Horse*), el regreso del director al género bélico, aunque esta vez la historia se desarrolla en la I Guerra Mundial, y sigue las peripecias de un caballo que pasa por distintos dueños durante la contienda. Un moderado éxito de taquilla y crítica. La película resulta algo irregular, alternando secuencias de gran potencia visual y emocional con otras que caen en la irrelevancia narrativa. Aún así, Spielberg rinde homenaje a sus admirados clásicos, en especial a John Ford.

En 2012 se estrena *Lincoln*, un acercamiento reverencial a la figura del mítico presidente norteamericano, que le valió a Spielberg el aplauso de la crítica y a su protagonista, Daniel Day-Lewis, el Oscar al mejor actor. Sin embargo, a muchos les decpecionó que la película no pretendiera en ningún momento ofrecer una visión amplia sobre el personaje, sino que se centra en sus esfuerzos por abolir la esclavitud. A la película le acaba pesando su condición de relato puramente político de un asunto muy concreto.

En 2015 se estrenó *El puente de los espías* (*Bridge of Spies*), un *thriller* que reunió a Spielberg con Tom Hanks y supuso su primera colaboración con los hermanos Coen. La película le valió al director una nueva nominación al Oscar. Spielberg vuelve a desplegar su pericia narrativa para mantener el interés del espectador en un *thriller* ejemplar.

Finalmente, en 2016 ha estrenado *Mi amigo el gigante* (*The BFG*), basado en el relato de Roald Dahl. Un intento de recuperar la magia de sus películas infantiles, y más concretamente de *E.T.* No en vano, le encargó el guión a Melissa Mathison, en el que sería su último trabajo antes de su fallecimiento. Al igual que le ocurrió en Hook, Spielberg se pierde al tratar de presentar un mundo de fantasía pura, sin asideros en una realidad que le sea conocida. El tono irregular y el aire sintético del gigante generado por ordenador tampoco ayudan a una película que ha supuesto una gran decepción comercial.

2.2. Temas

Steven Spielberg es un autor con una coherencia temática muy marcada a lo largo de su filmografía. He aquí algunos de los temas recurrentes en sus películas:

1. La separación familiar: probablemente por lo traumática que fue la experiencia de vivir el divorcio de sus padres, Spielberg ha tratado repetidamente, y bajo diferentes formas, el tema de la separación familiar, de la pérdida del hogar. En sus películas encontramos muchísimos ejemplos de personajes que son separados de su familia: sea la madre cuyo hijo es secuestrado por ovnis en *Encuentros en la tercera fase*, el pequeño Jim de *El Imperio del sol*, que es separado de sus padres durante la invasión japonesa de

Shangai, el protagonista de *Minority Report*, que ha perdido a su hijo... En casi todas las películas del director encontramos este tema, sin duda el centro emocional de su carrera. Y la consecuencia lógica es que sus películas se convierten, en muchas ocasiones, en odiseas, historias de retorno al hogar, sea un retorno físico o simbólico, a través de la reconstrucción de un hogar roto.

Este tema clave, sin duda de interés universal, demuestra que estamos ante un autor digno de estudio, que refleja algunos de los grandes problemas del mundo moderno y de la sociedad en la que vive: «Aunque estas películas pueden surgir de su trauma personal, también se dirigen a las preocupaciones de una América post-bélica cada vez más desenraizada, con su creciente tasa de divorcios.»[20]

También es un tema que da una dirección clara a sus personajes, y un sentido amplio a toda su carrera. Esto se traduce también en su interés por el género fantástico. El esquema habitual del cine fantástico consiste en que un personaje procedente de un mundo ordinario de repente se ve sumergido en un mundo fantástico (bien sea porque el personaje viaja hacia ese mundo o bien porque lo fantástico se manifiesta en el mundo ordinario donde vive, alterándolo). Así pues, la mayoría de estas historias plantean el deseo del protagonista por volver a su mundo natural, al hogar. Es un caso de adecuación perfecta entre el amor por un tipo de narración y el interés por un tema propicio para él.

El propio director es consciente de lo recurrente de este tema, e incluso de dónde surge su interés:

> Muchas de mis películas tratan sobre volver a capturar el sueño americano de familia. Yo ahora tengo eso con mi familia. He trabajado muy duro para conseguir una familia nuclear, pero a costa de entender cómo se siente el que tus padres se separaran y divorciaran.[21]

2. *Personajes corrientes en situaciones extraordinarias:* el propio Spielberg ha definido así su cine en alguna ocasión. Posiblemente

[20] Gordon, A. *Empire of Dreams. The Science Fiction and Fantasy Films of Steven Spielberg*. Nueva York, Rowman & Littlefield, 2008, p. 267.

[21] Schickel, R. Op. cit. p. 90.

sea una de las claves de su conexión con el público: ofrece héroes con los que cualquiera se puede identificar, aunque vivan aventuras increíbles. De hecho, la naturaleza de sus protagonistas como personas normales ayuda a dar verosimilitud a los aspectos fantásticos de sus historias. Incluso cuando se decidió a llevar a la gran pantalla el mito de Peter Pan (un personaje nada corriente) en *Hook*, lo convirtió en un aburrido abogado que ha olvidado su verdadera identidad. Otro ejemplo interesante es *La guerra de los mundos*, donde no se nos muestra la invasión alienígena a nivel planetario, o lo que ocurre en las altas esferas políticas y militares, sino que toda la película se narra desde el punto de vista del obrero Ray, que simplemente intenta sobrevivir con sus hijos. «Siempre he tenido la sensación de que en mis films el protagonista tenía que ser —y sin duda lo será siempre— una persona normal y corriente.»[22]

3. La infancia: «En prácticamente todas mis películas se puede reconocer la huella de mi infancia.»[23] Éste es el tema que más ha evolucionado a lo largo de las distintas películas del autor. En sus primeras obras, hasta 1985 (como ya hemos indicado, fecha del nacimiento de su primer hijo), la infancia aparece como un reino mágico del que los personajes no quieren salir, un reino amenazado por adultos siniestros. Podemos hablar de un cierto síndrome de Peter Pan, reconocido prácticamente por el propio director: «Estoy dispuesto a ser adulto con la condición de conservar mi pasaporte de niño. Si lo perdiera, no podría hacer cine: considero que cuanto amo procede de mi pasado, de mis recuerdos de infancia.»[24]

En estas primeras películas, los niños disfrutan de un privilegiado contacto con lo fantástico. Pero este tema no solo está presente en los héroes infantiles de esas primeras películas, porque pronto aparece también otro modelo de personaje spielbergiano: el hombre-niño, un adulto con síndrome de Peter Pan que retrata la resistencia a madurar.

---

22 Cohen, C. Op. cit. p. 44.
23 Ibídem, p. 7.
24 Sánchez-Escalonilla, A. Op. cit. p. 9.

A partir de 1985 este tema evoluciona, y aparece formulado como un nuevo argumento: la pérdida de la inocencia. Ya se desarrolla en ese mismo año, en *El color púrpura*, cuya protagonista sufre un embarazo a una edad muy temprana. También en la siguiente película del director, *El imperio del sol*, en la que la lucha por la supervivencia convierte la mirada de un niño inocente en la de un adulto triste. El tema vuelve a aparecer, por lo general, en el cine más serio y adulto del autor: *La lista de Schindler*, *Salvar al soldado Ryan*, *Munich*...

4. La paternidad: podríamos entenderlo como una evolución más del tema anterior. En un principio, los padres de sus películas no eran figuras demasiado positivas. Casi todos los progenitores o figuras paternas sustitutivas están ausentes, son distantes o directamente malévolos.

Aunque a partir de la propia paternidad del director, estas figuras han evolucionado, y ha surgido un nuevo argumento que ha cobrado por sí mismo gran importancia en el cine de Spielberg: personajes que descubren lo difícil que es ser padre, que lo aceptan a regañadientes, pero que acaban abrazándolo como un valor fundamental en sus vidas: es, de hecho, el «pensamiento feliz» que permite a Peter Pan volver a volar en *Hook*, donde aparece por primera vez este argumento. Es un hermoso modo de ver la condición de padre: permite al hombre recuperar, en cierta medida, su propia infancia. Posteriormente, Spielberg lo ha tratado a través de distintas historias, en películas como *Parque Jurásico*, *El mundo perdido*, *Minority Report* o *La guerra de los mundos*. En ellas vemos cómo se repite el esquema de presentar figuras paternas temerosas de que fuerzas malignas destruyan a aquellos de los que son responsables.

5. Lo espiritual: independientemente del género que adopte, Spielberg impregna sus películas de una preocupación por lo desconocido, por la dimensión espiritual del hombre, y en definitiva por la trascendencia. Y este interés se refleja muy especialmente en sus películas de ciencia-ficción, como *Encuentros en la tercera fase* o *E.T.*

Este tema hace que algunas de sus películas se presten a lecturas religiosas, aunque el director nunca las ha reconocido explícitamente. Sus obras tienen una vocación universal y no pretenden identificarse con una religión en concreto, pero sí tratar la parte espiritual del ser humano: «En vez de simplemente recapitular motivos religiosos, las películas de Spielberg hacen algo mucho más interesante y más atrevido: sugieren —y a veces directamente invocan— lo trascendente sin abrazar necesariamente la divinidad bíblica.»[25] Sin duda que la palabra clave de esta cita es «sugerir», ya que como veremos en este libro, la forma se adapta a esa intención narrativa.

[25] Friedman, L. *Citizen Spielberg*. Chicago, University of Illinois Press, 2006, p. 42.

3. PELÍCULAS SELECCIONADAS

En cuanto a la elección de las obras objeto de estudio, se ha decidido circunscribirlas al cine fantástico. Principalmente, porque entendemos que es en este género donde el director ha conseguido sus mayores y más significativos éxitos: *El diablo sobre ruedas*, rodada en principio para televisión, le dio a conocer, le identificó como un talento visual, y le abrió las puertas del cine. *Tiburón* fue el éxito masivo que le consagró como el gran nuevo director de los años 70 y le ofreció la libertad de elegir sus propias películas. *Encuentros en la tercera fase* demostró el alcance temático que podía tener su cine, y junto a *Star Wars* (George Lucas, 1977) tuvo como efecto un resurgimiento de la ciencia-ficción. *E.T. El extraterrestre* se convirtió en la película más taquillera de todos los tiempos, partiendo de una historia profundamente personal. *Parque Jurásico* fue otro éxito masivo y revolucionó el terreno de los efectos especiales con sus dinosaurios generados por ordenador. Mientras que con *Inteligencia artificial*, *Minority Report* y *La guerra de los mundos*, Spielberg demostró que en el nuevo siglo puede seguir compitiendo en las taquillas, y al mismo tiempo conservar sus rasgos de estilo y profundizar en temas fundamentales para el ser humano.

Por lo demás, hay que aclarar que, siendo este un estudio que da gran importancia a la técnica narrativa y visual, se ha valorado el género de las películas por sus características formales, más que por una simple cuestión argumental. Así, por ejemplo, las películas de Indiana Jones no se han incluido, porque a pesar de mostrar algún elemento fantástico o sobrenatural en cada una de ellas, se trata de aspectos puntuales, siendo la forma cinematográfica buscada por su autor el cine de aventuras. Por el contrario, sí se incluyen dos películas como *El diablo sobre ruedas* y *Tiburón*, a pesar de que en principio no incluyen elementos fantásticos aparentes más allá de lo extremo de sus situaciones. Sin embargo, nuevamente, prima la forma: nos hayamos ante dos películas con claras connotaciones fantásticas, donde además se busca el terror. El investigador Lester Friedman, por ejemplo, las clasifica como «películas de monstruos» junto con *La guerra de los mundos* y las dos entregas de *Parque Jurásico*. Friedman resalta la conexión de este sub-género con el fantástico:

> La película de monstruos, o película de terror, tiene mucho en común con los géneros de ciencia-ficción y fantasía [...] los tres incorporan elementos y criaturas más allá de la realidad ordinaria. [...] La película de fantasía provoca asombro, la de ciencia-ficción especulación, y la de terror, miedo.[26]

En cambio, no se han incluido las dos incursiones de Spielberg en el género de la fantasía pura, *Hook* y *Mi amigo el gigante*. Estas películas se desarrollan en su mayor parte en mundos fantásticos sin relación con lo real, donde entendemos que el director se mueve con menos soltura que en la ciencia-ficción, donde se parte de un retrato de la realidad, y el elemento fantástico aparece como la revelación de un mundo que se oculta dentro del nuestro, y que permite al director tratar de mejor manera sus temas habituales:

> Aunque estén llenos de criaturas oscuras y terribles, las películas de fantasía son fundamentalmente alegres y bastante distantes. Enfatizan abiertamente su estatus de irrealidad. Las más elaboradas películas de fantasía crean mundos de tal amplitud imaginativa que pocas conexiones aparentes existen entre nuestras vidas y esas fantásticas escenas recreadas en la pantalla.[27]

---

26 Friedman, L. Op. cit. p. 119.
27 Ibídem, p. 120.

Teniendo en cuenta estos criterios, pasamos a detallar la lista de películas objeto de estudio:

-*El diablo sobre ruedas* (*Duel*, 1971)
-*Tiburón* (*Jaws*, 1975)
-*Encuentros en la tercera fase* (*Close Encounters of the Third Kind*, 1977)
-*E.T. El extraterrestre* (*E.T. the Extra-Terrestrial*, 1982)
-*Always (para siempre)* (*Always*, 1989)
-*Parque Jurásico* (*Jurassic Park*, 1993)
-*Inteligencia artificial* (*A.I. Artificial Intelligence*, 2001)
-*Minority Report* (2002)
-*La guerra de los mundos* (*War of the Worlds*, 2005)

4. *EL DIABLO SOBRE RUEDAS*: EL GOLIAT SIN ROSTRO

Título original: *Duel*.

Año: 1971.

Intérpretes: Dennis Weaver (David Mann), Jacqueline Scott (Señora Mann), Lou Frizzle (conductor de autobús), Lucille Benson (señora de las serpientes).

Sinopsis: David Mann emprende un viaje por el desierto por motivos laborales. Al adelantar a un viejo camión oxidado, el conductor parece molestarse y le vuelve a adelantar. David se detiene para llamar a su esposa, que está molesta porque no la defendió la noche anterior de un tipo que pretendía propasarse con ella. Acaban discutiendo y David vuelve al volante muy alterado. Vuelve a encontrarse con el camión, que esta vez le hace una seña para que David lo adelante, pero al hacerlo se encuentra de frente con otro coche y casi le cuesta la vida. A partir de aquí, empieza una serie de ataques, y en ningún momento David consigue ver el rostro de su agresor.

David se detiene en un restaurante, y descubre que el camión también se ha detenido frente a él. David, en un estado de paranoia, observa detenidamente a todos los clientes. Finalmente se encara con un hombre, pero no resulta ser el camionero.

Se suceden más ataques del camión: intenta sacar el coche de David de la carretera, lo empuja contra unas vías cuando está a punto de pasar un tren, arrolla una cabina telefónica que David estaba usando para pedir ayuda… La poca gente con la que David se cruza no le cree.

Finalmente, David deja de huir y decide enfrentarse al camión. Le tiende una trampa y consigue que, al intentar arrollar su coche, caiga por un barranco.

4.1. Implicaciones temáticas

Aunque se rodó para televisión, *El diablo sobre ruedas* es el primer largometraje profesional que dirigió Steven Spielberg. No es una historia personal: el director encontró el guion porque su secretaria en la Universal se lo dio a leer, pensando que podría adecuarse a sus intereses: «Ella tenía una verdadera intuición sobre mí, y nadie desde mi madre me había «cogido el punto». Ella entendía de verdad mis gustos, y mi ambición, y mi miedo, mi ansiedad por querer hacer algo cuanto antes.»[28]

El guion estaba basado en un relato corto del escritor de ciencia-ficción Richard Matheson, que había sido publicado en la revista *Playboy* en abril de 1971. El propio Matheson escribió el guion adaptando su historia, con la esperanza de que llegara a rodarse. El tono fantástico del relato remitía a trabajos anteriores de Matheson en la serie de televisión *Twilight Zone*, y ese fue el nexo de unión con los gustos de Spielberg y su acervo personal.

Buena prueba de esta profunda conexión es que Spielberg produjo en 1983 una versión cinematográfica de *Twilight Zone*, una película dividida en cuatro secciones, como si fueran episodios de la serie, e incluso dirigió uno de ellos.

La afinidad con Matheson, autor también del clásico de la ciencia-ficción *El increíble hombre menguante* (*The Incredible Shrinking Man*, Jack Arnold, 1957), es asimismo temática, teniendo en cuenta el interés de Spielberg por mostrar personajes y entornos cotidianos en los que de repente asoma lo extraordinario:

---

[28] Awalt, S. *Steven Spielberg and Duel. The making of a career*. Nueva York, Rowman & Littlefield, 2014. A través de extracto en Rogert Ebert.com [consultado el 2-2-2015].

> Matheson estaba interesado en explorar el tema de los objetos y circunstancias de cada día que adoptan inesperadamente una naturaleza amenazante. Lo demuestra muy bien aquí [en *El increíble hombre menguante*] aunque su beligerante camión de *El diablo sobre ruedas* de Spielberg es también una creación altamente exitosa.[29]

La historia de *El diablo sobre ruedas* es tan concreta y minimalista, que en principio parece que deja poco lugar a añadir rasgos personales. Sin embargo, como todo buen autor, Spielberg consiguió acercar la película a los temas y formas narrativas que más le interesan. Y a pesar de que aún no tenía un estilo totalmente formado, ya se pueden apreciar algunos de sus recursos más característicos, entre ellos el uso de elipsis temporales y espaciales.

De hecho, podemos decir que toda la película se construye alrededor de una omisión: obviamente, nos referimos al rostro del conductor del camión que persigue al protagonista. La ausencia de este rostro confiere muchas connotaciones a la película. Naturalmente, en un nivel puramente argumental ayuda a aumentar el suspense y la angustia, como reconoce el propio Spielberg: «Lo que no se ve es siempre más aterrador que lo que lanzas al público a la cara.»[30]

Pero no se trata ya de no poder identificar al agresor, en un nivel puramente superficial (en cualquier caso sería un rostro desconocido). Esa omisión viene a simbolizar la ausencia de un motivo para que el conductor haga lo que hace, la presencia del mal por sí mismo. Porque uno de los aspectos más angustiosos de la película es precisamente esa falta de motivación: David es una presa elegida al azar como podría serlo cualquier persona, el público no encuentra la coartada mental de atribuir lo que le pasa a David a un error o una insensatez: «No hay motivos para los ataques del camionero. No hay nada que deba purgar el conductor del coche, más allá de la monotonía en la que parece instalada su vida. No existen razones, tan solo hechos.»[31]

---

[29] Beare, E. (Ed.) *501 must-see movies*. Londres, Bounty Books, 2004, p. 333.

[30] «Steven Spielberg rodando *El diablo sobre ruedas*». Documental incluido en el DVD *El diablo sobre ruedas*. Madrid, Universal Pictures Iberia, 2004.

[31] Casas, Q. «Fantasía amable y terror gigante», *Dirigido por...*, 442, marzo 2014, pp. 44-50.

Podemos pensar que en este aspecto la historia es deudora de algunas obras de Alfred Hitchcock, como *Con la muerte en los talones* (*North by Northwest*, 1959), donde el protagonista es perseguido sin que sepamos durante buena parte de película por qué razón, y aún en el momento de revelarlo Hitchcock tapa el diálogo con otro sonido. O en *Los pájaros* (*The Birds*, 1963), donde estos animales atacan al ser humano en comportamientos fuera de toda lógica, y a pesar de ciertas conjeturas a lo largo del film, nunca se llega a explicar la razón del fenómeno, lo cual aumenta la sensación de terror y abre la posibilidad de la sugerencia a explicaciones simbólicas.

Así pues, ante un protagonista que resulta el primero de los hombres normales y corrientes en situaciones extraordinarias del cine de Spielberg, y un antagonista sin rostro que lo ataca sin motivo aparente, la identificación del público, necesaria para incrementar el suspense, está asegurada. El espectador siempre se pondrá del lado del débil que es abusado. Parece que esa ausencia de rostro humano del antagonista fuera una invitación a que el espectador viera reflejados sus propios temores, sus miedos y pesadillas en el amenazante camión.

Esta polivalencia significativa no es exclusiva de *El diablo sobre ruedas*, y muchos investigadores creen que se puede aplicar a la práctica totalidad de los monstruos y antagonistas en las películas y cuentos de terror: «El monstruo de la fantasía y el terror [...] es un significante flotante que uno puede interpretar como uno desee.»[32] Y frente a un enemigo terrorífico para cualquier espectador, sea cual sea su pesadilla particular, la identificación con el protagonista que lo combate se debe afianzar.

En este sentido, es muy significativo que el nombre del protagonista sea David Mann: el apellido se pronuncia igual y evoca la palabra inglesa «man»: «hombre»; es decir, el apellido remarca ese carácter de persona corriente: ni siquiera tiene una identidad, es solo «un hombre», cualquiera de nosotros. Por otro lado,

---

32 Friedman, L. Op. cit. p. 17.

el nombre David evoca el relato bíblico de David y Goliat, muy adecuado para esta situación: David es un hombre insignificante en su pequeño coche que se enfrenta a un terrible gigante, y sale victorioso gracias a su ingenio y valor.

Es por todo esto que Spielberg procura que el retrato de David se aleje lo más posible del de un héroe: es un hombre dominado por su mujer, por su jefe. Incluso la gente que se encuentra en su camino parece no tenerle respeto, y le tratan como a un loco:

> Tal como lo veía, era una historia de un gran abusón. No solo el camión era un abusón. Todos en la carretera eran abusones- todos en la gasolinera, la lavandería, el café. Su esposa era una abusona, la mujer que venía a hacer la colada era una abusona. La camarera era la única persona agradable en la película entera.[33]

En efecto, en esa escena de la cafetería vemos cómo la figura materna de una camarera madura resulta dulce y comprensiva (le ofrece una aspirina a David y le dedica unas palabras cariñosas), mientras los adultos masculinos, como en *E.T.* y otras películas de Spielberg de esta primera etapa, son mostrados como seres distantes y amenazantes.

Como decíamos, este hombre algo pusilánime con el que todos se comportan como «abusones» se encuentra ante un gran desafío, que pondrá a prueba su coraje. Es la persona menos adecuada para salir airosa de tal reto, y precisamente por eso el final de la película resulta tan satisfactorio al espectador. David completa un arco de transformación, se convierte en héroe a su pesar.

Pero volviendo al recurso de ocultar el rostro del conductor del camión, ya desde su estreno en Europa muchos críticos le dieron distintas interpretaciones, algunas psicoanalíticas, otras políticas. Spielberg rechazó expresamente las lecturas que explicaban la película como una alegoría marxista, en que el camión representaba el capitalismo que aplasta al pequeño hombre común.

En cualquier caso, todas estas interpretaciones posibles no nos atañen porque no responden a la pregunta de por qué Spielberg

---

[33] Schickel, R. Op. cit. p. 29.

recurre a esa ocultación. Es por ello que nos interesa relacionarlo con sus propias vivencias. Y lo cierto es que Spielberg se sintió atraído por la historia de Matheson porque tocaba aspectos de su infancia: «La cosa que me hizo empujar de verdad para que me contrataran a hacer *El diablo sobre ruedas* fue porque yo había sido intimidado por abusones, y los amigos de mi pequeño círculo también lo habían sufrido, y sabía lo que se sentía.»[34]

Todos esos abusos y acoso que sufría el pequeño Steven los vio representados por el camión de la historia de Matheson, que de esta manera no tiene un rostro humano porque simboliza el mal de muchos hombres: «Aunque intenté de veras antropomorfizar el camión, como una extensión de un tipo de fuerza malvada y abusona, sin que importara demasiado quién conducía el camión, sí que representaba algo que me hacía sentir que conocía el material.»[35]

De hecho, Spielberg eliminó en su película el único dato personal que daba el relato de Matheson, en el que se llegaba saber que el nombre del camionero era Keller, que llevaba escrito en el camión. De esta manera, se le niega incluso el nombre humano, convirtiéndolo aún más en un elemento abstracto que pudiera representar ese mal que sufrió Spielberg.

Y aplicando esta conexión autobiográfica, podemos ver en cierta manera un anticipo del tema principal en el cine de Spielberg: el retorno al hogar. Porque al fin y al cabo, se puede entender *El diablo sobre ruedas* como un tradicional cuento aleccionador, que nos avisa de los peligros del mundo exterior cuando abandonamos el hogar (igual que, por ejemplo, Caperucita roja se encuentra con un lobo en su camino, David se encuentra con el camión). La lucha de David es por sobrevivir, por regresar a la seguridad de su hogar.

Resulta significativo, en este sentido, el arranque de la película, con la cámara en el punto de vista de David: al principio toda la imagen está en negro, ya que está en el garaje de su casa. La puerta del garaje se abre, y siguiendo su mirada, dentro del coche, abandonamos la seguridad del hogar y salimos al exterior. Ya desde este

---

34 Awalt, S. Op. cit.

35 Ibídem.

comienzo, y antes de que ni siquiera se nos haya presentado al camión, la película se instala en un ambiente enrarecido, marcado en buena parte por el recurso de los sonidos de la radio y el ambiente de la ciudad.

Además de transmitir el agitado estado interior del personaje, Spielberg establece un contraste con el desierto. David ha salido del mundo civilizado y se adentra en un territorio más peligroso (recordemos el alambre de espinas que domina el encuadre al entrar en el desierto). No hay que olvidar que la historia de EE.UU. está marcada por el viejo oeste, por la ley del más fuerte.

En este momento conviene recordar que el título original de *El diablo sobre ruedas* no es otro que *Duel*, «duelo», con lo cual esta lectura como viaje a un pasado más salvaje está presente ya desde el mismo ADN de la historia. El carácter de este duelo entre un hombre civilizado, pusilánime y suburbano y otro salvaje, bravucón y rural recuerda también a uno de los westerns favoritos de Spielberg, *El hombre que mató a Liberty Valance* (*The Man who Shot Liberty Valance*, John Ford, 1962).

La radio sigue actuando como cámara de resonancia del interior de David. En un programa que va escuchando, reciben la llamada de un radio oyente, que se declara miembro de la «mayoría silenciosa», y dice que en los papeles oficiales no sabe cómo responder a la pregunta de si es el cabeza de familia: «He perdido la posición de cabeza de familia. Me quedo en casa. Ella trabaja, y yo hago las tareas del hogar y cuido de los bebés... no soy realmente el cabeza de familia, y aun así soy el hombre de la familia.»

Es durante esta conversación cuando Spielberg nos muestra por primera vez a David, primero con sus ojos reflejados en el espejo. Un claro indicador de que lo que cuenta el hombre de la radio refleja en cierta manera cómo se siente David, su virilidad puesta en entredicho, como se nos hará saber posteriormente.

Todo este tema introductorio lo plasma Spielberg visualmente de una forma concreta y clara en la siguiente secuencia, cuando Mann se para en una lavandería para hacer una llamada de teléfono a su mujer. Al principio, la conversación es en un tono amable, y

David se disculpa por «lo de anoche», pero su mujer le echa en cara que «ese hombre prácticamente me violó». Entonces comienza una discusión, y Spielberg muestra a David, en un plano general, rodeado por la puerta circular de una lavadora en primer término, de la que una mujer está sacando ropa. Por supuesto, la imagen es muy elocuente: David enclaustrado en un elemento doméstico y relacionado con lo femenino (la forma redonda de la puerta), que está siendo usado por una mujer además en ese momento.

Fruto de los tiempos en que Spielberg empezó a dirigir, los roles a los que debe responder un hombre es una temática que volverá a aparecer bajo diferentes formas a lo largo de la obra del director.

Resulta también significativa la secuencia en que David se detiene en una gasolinera para utilizar el teléfono e informar a la policía de lo que le está pasando. La mujer que regenta el sitio tiene unos expositores con serpientes, un nuevo entorno hostil, con un elemento visual terrorífico y que tiene incluso connotaciones bíblicas. Pero no se queda en una simple imagen: cuando David está en la cabina, aparece el camión y la destroza, al igual que algunos de los expositores, dejando serpientes sueltas. Así ve el director este elemento: «La gente tiene miedo de los reptiles, los puse en la película para reforzar la sensación de caos, y la ansiedad de que no solo estaba contra él el camión, también las fuerzas de la naturaleza estaban contra este personaje.»[36]

Las fuerzas de la naturaleza: sin duda subraya la idea del peligro que acecha fuera del hogar. También parece ahondar en el tema de la emasculación de David y el conflicto con su mujer: «Esta «madre serpiente» también contribuye a esta corriente subterránea de ambivalencia sexual en la película, con sus varones feminizados y mujeres agresivas.»[37]

En este constante desprecio que sufre el personaje principal, llegamos a la secuencia en que se encuentra con un autobús escolar detenido. El conductor le pide que se pare para ayudarle a poner en marcha el vehículo. Mientras David habla con el conductor, los

---

[36] «Steven Spielberg rodando *El diablo sobre ruedas*». Documental citado.

[37] Gordon, A. Op. cit. p. 24.

niños se le suben al capó del coche, y por más que David les insiste para que se bajen, no le hacen caso. El conductor tampoco le presta atención cuando David intenta decirle algo antes de empezar a empujar el autobús con su coche. El parachoques se le queda atrapado debajo del autobús, y con David en un visible estado de agitación, los niños se burlan de él a través de las ventanillas.

En medio de todo esto, aparece de nuevo el camión, y David intenta explicar al conductor del autobús lo que le ha pasado con él, pero éste se burla de David, calificándolo de loco.

Y justo antes del clímax final, David consigue que un coche pare, en el que viaja un matrimonio de ancianos. Nuevamente David es tratado como un loco, y abandonado a su suerte. Esta última posibilidad que se le escapa a David antes de tener que enfrentarse al camión parece enfatizada por el hecho de que quienes lo dejan a merced del peligro representan venerables figuras de autoridad, comenzando así la retahíla de figuras paternas negativas en el cine del autor.

Si mantenemos la idea de que *El diablo sobre ruedas* conecta con el tema spielbergiano del retorno al hogar, resulta revelador que se produzca un abandono por parte de figuras paternales, aunque sea figurado (un trauma que se repetirá en el cine del director). Ese sentimiento, tan propio de sus personajes, de aislamiento, de estar solo y lejos del hogar, impregna toda la película: según transcurre la historia, Mann está más solo. Curiosamente, no se ven apenas coches en la carretera, no se ve policía ni poblaciones. Este aire de extrañeza confiere a la película una cualidad casi onírica, una pesadilla paranoide.[38] No hay que olvidar que esa paranoia estaba muy de actualidad en las expresiones artísticas americanas de los años 70, debido a los sucesos políticos de la época. Spielberg abraza la interpretación: «Lo que de verdad estaba esforzándome en hacer era un ensayo sobre la paranoia americana. *El diablo sobre ruedas* era un ejercicio en paranoia.»[39]

De hecho, toda la película se puede interpretar como los delirios de un paranoico, con las carreteras desiertas, las miradas despectivas

---

[38] Ver Imagen 1.

[39] Gordon, A. Op. cit. p. 13.

de los clientes de la cafetería, las burlas de los niños del autobús, o las alusiones de distintos personajes a que David puede estar loco.

Spielberg juega con esa idea durante varios momentos de la película, en especial en la secuencia de la cafetería, donde el propio espectador participa de las sospechas de Mann, con un planteamiento visual que confiere un aire siniestro a todos los clientes que están en la barra.

Abundando en el tema de la paranoia, la secuencia de la cafetería no es la única en que Spielberg «engaña» al espectador a la vez que al personaje. Recordemos la bocina del tren que se confunde con el claxon del camión, y otro momento en que David ve un coche blanco y negro y cree que es de la policía, y que al fin está a salvo, solo para comprobar que pertenece a una empresa que lo ha pintado así. El nombre de la empresa, escrito sobre el coche, es «Grebleips», es decir, Spielberg al revés. El propio autor parece regocijarse en su engaño.

Esta atmósfera que difumina los límites entre lo real y lo imaginado, la pesadilla, ayuda a entroncar la película con los cuentos clásicos, y en concreto con el esquema del hombre pequeño enfrentado al monstruo gigante (no solo en el relato bíblico de David y Goliat, sino también en los cuentos de las habichuelas mágicas, el sastrecillo valiente, Pulgarcito, el gato con botas o Juan sin miedo).

Y, por supuesto, el monstruo de este cuento es el camión. Puesto que no se le confiere un rostro humano, Spielberg sabía que debía cuidar mucho la elección del camión, como si fuera un actor más: «Hice un casting de camiones. El camión tenía cara. Las ventanas eran los ojos y tenía un morro prominente enorme. La rejilla y el parachoques eran la boca. Tenía rostro. Los otros camiones eran chatos y rectos.»[40]

Pero no solo eso, además había que alterar su aspecto, hacerlo terrible, dotarlo de un carácter determinado, caracterizarlo, como se diría en el caso de un actor. El propio Spielberg utiliza el paralelismo de los monstruos clásicos de la Universal:

---

40 «Steven Spielberg rodando *El diablo sobre ruedas*». Documental citado.

> El camión era el antagonista. Debía tener personalidad. No podía ser un camión reluciente y a estrenar. [...] Así que había grasa en las ventanas y bichos muertos en la rejilla [...] Le pintamos manchas de aceite, como si goteara de todos los conductos. [...] Era un maquillaje típico de Frankenstein, o el hombre lobo, o el fantasma de la ópera.[41]

Spielberg utiliza el juego de ocultación del conductor para sugerir al espectador la idea de algo sobrenatural detrás del camión, reforzando así la idea de unirlo a los monstruos de los cuentos tradicionales o de las películas clásicas. El director admite que trabajó con esa idea: «Es como un camión embrujado»[42]

En su forma de tratar la imagen (por ejemplo, en el reportaje incluido en el DVD de la película admite que recurrió varias veces a planos contrapicados, desde abajo hacia arriba, para dar una sensación del camión más imponente y amenazadora) y el sonido, con los distintos chirridos, la atronadora bocina, etc., Spielberg ayuda a esa caracterización.

Probablemente el recurso más inspirado (y más significativo) ocurre en el clímax de la película, cuando el camión se despeña por el barranco. Justo en ese momento, mezclado entre los ruidos del accidente, Spielberg introduce el rugido de un dinosaurio procedente de una vieja película de serie B. El director se auto-homenajeó al incluir el mismo rugido en el final de *Tiburón*, cuando el escualo, al fin destruido, se hunde en las profundidades del océano.

De hecho, la conexión entre las dos películas es evidente. *El diablo sobre ruedas* inaugura la corriente de «películas de monstruos» que dio a Spielberg el éxito que lo consagró (*Tiburón*), además de otros grandes triunfos como las dos películas de *Parque Jurásico* o *La guerra de los mundos*.

Las dos películas no solo están relacionadas temáticamente, sino que las une el mensaje de fondo respecto a los peligros ocultos que nos acechan fuera del hogar, y cómo debemos responder a ellos.

Las propias palabras de Spielberg reafirman esta lectura: «Quería que la película fuese un serio despertar para el hombre que juega

---

[41] Ibídem.
[42] Ibídem.

seguro... Y este camión representa todos los peligros ocultos de la vida que le pueden ocurrir al hombre que no es consciente de su propia mortalidad.»[43] Los «peligros ocultos»: las palabras elegidas por el director nos sirven para señalar qué representa ese camión y por qué es adecuado el recurso de la omisión para representarlo. Ocultando el rostro del conductor, entre otros usos del fuera de campo, *El diablo sobre ruedas* se convierte en una fábula visual sobre esos peligros ocultos que nos acechan fuera del hogar.

4.2. El estilo Spielberg en *El diablo sobre ruedas*

Existe un uso del fuera de campo particular en esta película: la ocultación sistemática del rostro del conductor del camión, que no se llega a ver en ningún momento. Resulta muy llamativo que no se vea el rostro del antagonista en una película que por otra parte se centra en solo dos personajes, y que relata un duelo entre ellos. Vamos a ver algunos ejemplos significativos:

-La película se abre con una omisión llamativa: al situar la cámara en el punto de vista del protagonista, durante toda la secuencia de créditos (más de 3 minutos) no vemos a David. Como veremos más adelante, Spielberg busca la identificación del espectador con él, un hombre normal en una situación angustiosa, y con este arranque nos hace ver que podría ser cualquiera de nosotros. Cuanta más identificación haya, más suspense y angustia compartirá el espectador con el protagonista.

Tras ver al fin el coche en un plano general, Spielberg presenta al que será protagonista de la historia: primero únicamente con sus ojos en el espejo retrovisor del coche, detrás de unas gafas tintadas. Una mirada no directa, en realidad el reflejo de una mirada semioculta, una pista del carácter esquivo y pusilánime de Mann.

-Hacia los cinco minutos de película, se presenta al camión por primera vez. No cabe ninguna duda de que Spielberg pretende convertirlo en el antagonista de la historia, una feroz máquina sin

---

[43] Taylor, P. *Steven Spielberg: The Man, His Movies, and Their Meaning.* Nueva York, Continuum, 1994, p. 79.

rostro humano: lo presenta recorriendo todo el largo del vehículo con su cámara en contrapicado, lo cual ayuda a transmitir una sensación realzada de su tamaño y potencia. Al llegar a la parte delantera, el capó tapa a la cámara la vista del parabrisas, evitando así que veamos ni un rasgo del conductor. Sólo hemos visto metal y neumáticos, un enemigo imponente, mecánico y deshumanizado:

> La desigualdad de tamaño existente entre el camión y David (con o sin su coche) es hábilmente explotada en *Duel*: los planos del camión se toman de modo que no quepa en el encuadre, en ligero contrapicado, presentando preferentemente la parte baja de la cabina con el frontal del radiador y las protecciones delanteras, que cuando empujan al coche parecen morderlo.[44]

Seguidamente, David lo adelanta y Spielberg subraya la personificación del camión al encuadrar los faros en el espejo retrovisor del protagonista. Así es también como se presentó a David al principio de la película (sus ojos en el retrovisor).

Empieza una serie de adelantamientos entre los dos, y Spielberg juega con la angulación y la iluminación para que, a pesar de ver el parabrisas, no se pueda vislumbrar el rostro ni ninguna otra parte del conductor. Así, durante este primer encuentro no hemos visto ni rastro de un ser humano.

-Después, David llega a una gasolinera, y seguidamente aparca a su lado el camión (quedando en un primer término amenazadoramente cercano a cámara, realzando así su tamaño). David lo observa desde atrás, y se produce el segundo paso en la presentación de su adversario: al fin nos muestran que hay un conductor, vemos el primer atisbo de un cuerpo humano. Desde el punto de vista subjetivo de David, vemos el brazo del conductor asomar por la ventanilla. Justo en ese momento, el encuadre se vuelve borroso: han echado agua en el parabrisas del coche de David, que un empleado de la gasolinera limpia con un trapo. Al retirarse, el brazo del conductor ya no está, como si hubiera desaparecido de repente. Es una leve sugerencia de algo paranormal (algo con lo

---

[44] García Ochoa, S. «Análisis intradiscursivo de *Duel*, de Steven Spielberg», *Signa: revista de la asociación española de semiótica*, 15, 2006, pp. 285-300.

que Spielberg juega atmosféricamente, nunca desde un punto de vista argumental).

Nuevo plano subjetivo de David: vemos los pies del conductor por detrás del camión, testando los neumáticos. Lleva tejanos y unas botas de vaquero, que lo caracteriza como un representante de la parte rural de EEUU. No sabremos nada más sobre él a lo largo de toda la película. En cualquier caso, después de ver solo su brazo, ahora nos muestran solo sus pies. Esta ocultación de su rostro queda pues subrayada por estos planos parciales.

Ahora el plano es desde la cabina del camión, y nuevamente se procede al ocultamiento selectivo del conductor. Vemos a David dialogando con el empleado de la gasolinera. Es significativo que veamos a David desde el punto de vista elevado que ofrece la cabina, que transmite el sentimiento de superioridad con el que probablemente le observa el camionero. Seguidamente, el brazo del conductor entra en plano y toca la estruendosa bocina para llamar al empleado, que curiosamente está al lado, con lo cual podría haberle llamado con la voz. Pero de esta manera, se subraya de nuevo la personificación del camión: un monstruo que se comunica con ese sonido similar al bramido de un animal. No hay voz humana en él, en toda la película no escucharemos ni una línea de diálogo del conductor. Esta peculiaridad se suma a que la cámara sitúe al espectador junto al conductor (con lo cual lo natural sería verlo), pero oculte su cara, deshumanizándolo por completo.

Al final de la secuencia, después de la humillante discusión telefónica de Mann con su mujer, Spielberg eleva la cámara por encima del camión. Aunque pasa por delante de la cabina, la angulación no permite ver nada del interior. Con la chimenea y la bocina del camión en primer término, dominando el plano que en segundo término muestra a un empequeñecido David, vuelve a sonar el amenazante sonido de su claxon, como un animal intimidando a su presa.

Al terminar la secuencia, ha quedado claro que hay una ocultación expresa e intencionada del rostro del conductor del camión. Sin que haya ocurrido aún nada grave, este recurso hace que el espectador sienta que hay algo extraño en esta máquina-hombre, nos hace entrar en tensión y nos crea curiosidad. «El camión y el conductor que no se ve parecen ser una sola unidad, una mezcla de máquina y hombre. El camión es un monstruo de película de terror con alguna dimensión humana.»[45] Esta idea del hombre-máquina queda reforzada por el fuera de campo intencionado que nos impide ver en ningún momento la cara del conductor. Es como si el único rostro fuera la propia parte frontal del camión, y las partes que fugazmente vemos del camionero (los brazos, principalmente) surgieran de las entrañas de este engendro mecánico.

Una vez que el director ha establecido las reglas del juego, empieza la agresión del camión al coche de David, y por tanto en todo momento la película tiene mucho cuidado en usar angulaciones y encuadres que no desvelen el rostro del conductor. Sin embargo, Spielberg recurre a mostarnos partes de su cuerpo en determinados momentos importantes.

-Al poco de salir de la gasolinera, David se encuentra de nuevo con el camión por delante, que maniobra para no dejarle adelantar. Pero entonces el camionero saca el brazo por la ventanilla y le hace a David la indicación de que le deja el paso libre. David comienza a adelantar, y se encuentra de cara con un coche que viene en sentido contrario. Apenas tiene tiempo de reaccionar y salvar su vida.

Es el momento en que acaba el juego y comienza algo más peligroso: el primer intento serio del conductor de ocasionar un accidente mortal. Por ello parece apropiado que se muestre el brazo del conductor (uno de los modos más efectivos de resaltar la omisión de un personaje es mostrar solamente una parte de su cuerpo) para esta ocasión. Se nos muestra que detrás de la fachada metálica del monstruo hay una intencionalidad, una maldad homicida. No es solo un amasijo de acero, y ese brazo ofreciendo el paso hacia una muerte casi segura hace que el rostro oculto de ese mal sea aún más abstracto. No es un hombre con unas características determinadas, es el mal que habita dentro de muchos.

-Después de su trifulca en la cafetería, David está pensativo en su mesa. Justo en ese momento, suena el rugido de un motor. David

[45] Gordon, A. Op. cit. p. 26.

levanta la cabeza y se dirige hacia el ventanal. Sin que nos lo hayan mostrado, el conductor ha vuelto al camión, que se pone en marcha. Al no enseñar la acción previa, Spielberg sigue jugando con sugerencias sobrenaturales: ¿ha aparecido el conductor en la cabina? ¿Se ha puesto en marcha el camión solo? Por lo que se ha mostrado al espectador, parece ser así, aunque por supuesto narrativamente se mantiene la ambigüedad. El jugar con el ocultamiento es lo que permite a Spielberg manejar esta sugerencia: lo que no ve el espectador, queda abierto a la ambigüedad.

-En el tramo final, se produce un giro en el arco de transformación del personaje de David, que pasa de presa asustadiza a desafiante rival. Deja de huir y se dirige hacia el camión, afrontando su particular «duelo al sol». Como si fuera un eco de aquel primer intento de asesinato, el brazo del camionero asoma por la ventanilla (hace más de 50 minutos de metraje que no vemos una parte de él) y le vuelve a hacer la misma indicación para que David pase por delante, pero esta vez tiene un significado distinto: Comienza el reto definitivo.

-Llegamos al clímax. El coche de David está atrapado y el camión se dirige hacia él. Spielberg sitúa al espectador en el punto de vista del camionero: desde la cabina, vemos sus manos en el volante, dirigiéndose hacia el coche para aplastarlo. El situar al espectador en el punto de vista del camionero resulta inquietante porque, además de enfatizar el ocultamiento del rostro, lo fuerza a posicionarse como el villano.

-El camión yace destruido en el fondo del barranco. Un último detalle de personificación de la máquina: un tubo gotea aceite, como si fuera la sangre del monstruo derramándose. Aunque se mantenga oculto el resto del camión, solo con este detalle visual se transmite la idea del final definitivo del «monstruo».

5. *TIBURÓN*: EL MAL OCULTO BAJO EL AGUA

Título original: *Jaws*.
Año: 1975.
Intérpretes: Roy Scheider (Jefe Brody), Richard Dreyfuss (Hooper), Robert Shaw (Quint), Lorraine Gary (Ellen Brody)
Sinopsis: Unos jóvenes hacen una fogata en la playa, en un pueblo de la Costa Este. Una chica y un chico se separan del grupo. La chica entra en el agua, mientras él está demasiado borracho para seguirla. De repente, la chica empieza a notar que algo por debajo del agua tira de ella, y empieza a gritar y resistirse, hasta que desparece.

A la mañana siguiente, el jefe de policía Brody (recién instalado desde Nueva York) acude a la playa, donde han aparecido algunos restos destrozados de la muchacha. Al entender que hay un tiburón en la costa, decide cerrar la playa, pero el alcalde y las autoridades del pueblo le presionan para que no lo haga, ya que perjudicaría la economía del pueblo. Brody accede en contra de su propio criterio.

Al día siguiente, el tiburón vuelve a atacar, matando en esta ocasión a un niño. Brody es testigo de lo sucedido y no puede hacer nada. El alcalde ofrece una recompensa por el tiburón y vienen pescadores de distintas zonas para intentar su captura. También llega Hooper, un ictiólogo que entabla una cierta amistad con Brody. Mientras, un extravagante pescador llamado Quint ofrece sus servicios para atrapar al animal.

Unos pescadores capturan un tiburón y el alcalde da la alarma por finalizada, pero Hooper le dice a Brody que el tiburón que buscan tiene que ser más grande. Los dos investigan por su cuenta y descubren que ha habido otro ataque en que ha muerto un pescador, y que además el tiburón capturado no tiene restos humanos en el estómago. Brody informa de todo al alcalde, pero este no le hace caso, y reabre las playas.

Vuelve a haber otro ataque del tiburón, en esta ocasión contra una barca en la que iba un hijo de Brody, que logra salir ileso. Es entonces cuando el jefe de policía ejerce su autoridad, exige al alcalde que cierre las playas y que contrate a Quint.

Se forma un equipo para capturar al escualo compuesto por Brody, Hooper y Quint. Tras un tiempo de búsqueda, finalmente encuentran al tiburón, que resulta ser más grande de lo que imaginaban. Las distintas técnicas para pescarlo fracasan, debido a la fuerza y potencia del animal.

Mientras, los tres hombres estrechan lazos bebiendo juntos de noche, y Quint cuenta a sus compañeros que formó parte de la tripulación del Indianapolis, el barco que entregó la bomba atómica, y cuya tripulación sufrió el ataque de varios tiburones tras ser alcanzado por un torpedo.

La situación da un giro: es ahora el tiburón el que empieza a atacar el barco de sus perseguidores esa misma noche, pero finalmente se retira. Al día siguiente, Hooper decide descender al fondo marino en una jaula protectora para intentar clavar un arpón envenenado al tiburón. Pero este ataca por sorpresa y Hooper pierde el arpón. El tiburón destroza la jaula y Hooper escapa por poco. El tiburón pasa entonces a atacar el barco, que comienza a hundirse. Quint es devorado, y Brody se defiende con una botella de gas que queda enganchada en la boca del animal. Finalmente, mientras el barco se hunde, el tiburón se dirige hacia Brody, que apunta con un rifle a la botella de gas y consigue hacer explotar por el aire al escualo. Brody se reúne con Hooper y nadan juntos hacia la costa.

5.1. Implicaciones temáticas

Nuevamente nos encontramos una película marcada por una omisión. Al igual que *El diablo sobre ruedas*, *Tiburón* se caracteriza por ocultar al antagonista, al menos durante buena parte de la película. Sin embargo, en *El diablo sobre ruedas* es el propio camión el que acababa asumiendo el rostro visible de monstruo, con lo cual el no ver al conductor se podía mantener hasta el final. En *Tiburón*, en cambio, el público se sentiría defraudado si no se mostrara enteramente al escualo en ningún momento de la película. El propio Spielberg admite que al leer el guion de la película fue consciente de la similitud con su *telefilm*. Enseguida supo que quería rodar esta historia.

Intentaremos establecer qué connotaciones narrativas se esconden detrás de este modo de rodar basado en la ocultación del elemento primordial del relato. Para ello, es imprescindible referirse a lo acontecido en el proceso de producción. La historia de este rodaje se ha convertido en un ejemplo de superación de las dificultades técnicas gracias al talento.

En un principio, parece ser que se pretendía mostrar mucho más al tiburón durante la película. Spielberg quería rodar las escenas del barco en localización real mar adentro, algo muy poco común en el cine, ya que las condiciones son bastante incontrolables, y se suele recurrir a tanques en los estudios, menos realistas pero más prácticos. Aunque el director tenía una buena razón para su decisión: «Quería que el público se sintiera aislado, que no pudieran huir a la costa por no haber costa a la que huir. [...] Quería que girara a donde girara la cámara, solo se viera agua.»[46]

El equipo se encontró con que apenas conseguían rodar unos pocos planos al día, y a las dificultades del medio, se unieron los problemas técnicos del tiburón mecánico construido especialmente para la película. Ante el problema que suponía no poder usar al tiburón, o no conseguir que ejecutara ciertas acciones de

---

46 «Dentro del tiburón». Documental incluido en el DVD *Tiburón. Edición 30 Aniversario*. Madrid, Universal Pictures Iberia, 2005.

forma creíble, Spielberg fue desarrollando en rodaje la idea de no mostrarlo, y sustituir su presencia en las distintas escenas a través de diversos recursos, siendo el plano subjetivo subacuático el más célebre de ellos (es decir, la cámara adopta el punto de vista del tiburón desde dentro del agua, acercándose a los pies de los despreocupados bañistas).

Esta circunstancia podría dar a entender que no tiene sentido estudiar el planteamiento visual de la película, cuando este viene condicionado por las necesidades de rodaje. Nada más lejos de la realidad: el hecho de que la forma de rodar esté influida por las circunstancias no altera su validez artística. De hecho, podemos incluso considerar que es en esas circunstancias cuando se impone el instinto del realizador. Es bien conocido que en cinematografías en las que ha habido censura, muchos directores han pulido su talento gracias a esas limitaciones, al tener que buscar maneras indirectas (y por lo tanto, más inteligentes) de contar las cosas. Además, como se pretende demostrar en este libro, este estilo de narrar es totalmente coherente con la filmografía del autor. Así, podemos decir que fueron las dificultades técnicas las que ayudaron a Spielberg a encontrar la forma perfecta de la película, fueron un estímulo a su talento.

Tiburón es una de las películas más importantes del cine de su autor: primeramente, porque su enorme éxito le permitió elegir desde entonces cualquier proyecto que quisiera realizar, encarrilando así su carrera, algo que el propio Spielberg reconoce a pesar de los malos recuerdos del rodaje.

Por otro lado, es la primera muestra de un Spielberg en pleno poder de su capacidad narrativa, su primera muestra de estilo plenamente consolidado. En *El diablo sobre ruedas* aún se está desarrollando, y adaptándose a las necesidades de un largometraje. En *Loca evasión* se tuvo que adaptar a los tiempos y dimensiones de una película para cine, y la historia, minimalista y dramática, no le permitía explotar todo su potencial. *Tiburón*, en cambio, muestra ya todos los rasgos de estilo de Spielberg (al menos los de su primera etapa como realizador), entre ellos el magistral manejo del fuera de campo.

Centrándonos en la ocultación del tiburón, es indudable que esta forma de rodar ayuda al suspense. En vez de asustar al público con una aparición fugaz acompañado de un golpe de música o efecto sonoro (algo que se ve a menudo en producciones recientes sobre tiburones y otros seres monstruosos), Spielberg prefiere anunciar los ataques del animal para así aumentar la angustia del espectador, dilatando además las escenas. Otro efecto que se consigue es que los ataques sean tan violentos como la imaginación del espectador permita, algo difícil de alcanzar con lo que se muestre. Además, esta forma de implicar al espectador resulta mucho más estimulante para el mismo: «Hay placer en el *no ver* —la visión aplazada, bloqueada o parcial que parece tan central para la estrategia del cine de terror.»[47]

El actor Roy Scheider también entendía que esa forma de rodar fue clave en el éxito a nivel global de la película: «La razón por la que fue tan bien en todo el mundo es que ni siquiera necesitaba los diálogos. Basta con ver la situación, y tu propio miedo primario a algo que no puedes ver es suficiente para mantener tu interés en la película.»[48]

Los planos subjetivos desde el punto de vista del tiburón también suponen asociar más estrechamente al espectador con el horror, haciendo la experiencia más intensa.

Pero al igual que ocurriera con el camión de *El diablo sobre ruedas*, esta ausencia visual del tiburón parece también subrayar la ausencia de rostro, el carácter indiscriminado de los ataques, la falta de razones, el mal por el mal. El famoso monólogo en el que Quint revela su pasado y la razón de su odio por los tiburones refuerza esa percepción del animal: «A veces el tiburón mira dentro de ti. Dentro de tus ojos. Sabes, lo que pasa con un tiburón es que tiene... ojos sin vida, ojos negros, como los de una muñeca. Cuando se te acerca, no parece estar vivo. Hasta que te muerde y

---

[47] Giles, D. «Conditions of Pleasure in Horror Cinema», *Planks of Reason: Essays on the Horror Film*, Nueva Jersey, Scarecrow, 1983, pp. 38-52.

[48] «El tiburón aún funciona: El impacto y legado de *Tiburón*». Documental incluido en el Blu-ray *Tiburón*. Madrid, Universal Pictures Iberia, 2012.

esos ojos negros se vuelven blancos. Y entonces... ah, entonces escuchas ese terrible grito agudo y el océano se tiñe de rojo, y por mucho que te resistas y grites, vienen todos y te hacen pedazos.»

Podemos incluso intuir un intento de dotar al tiburón de un aura maligna, sobrenatural (algo que también se hacía de forma más evidente con el camión de *El diablo sobre ruedas*). De hecho, *Tiburón* encaja perfectamente en uno de los modelos narrativos básicos que se analizan en *La semilla inmortal*, el que Balló y Pérez denominan «El intruso destructor». La película de Spielberg es, según ellos, un ejemplo significativo de este esquema:

> El reverso más exacto del relato mesiánico es la intromisión de unos seres malignos en una comunidad plácida hasta aquel momento. La llegada del inoportuno visitante no hará más que traer desgracias, pese a que también tiene efectos aleccionadores: es posible que la comunidad, unida contra el mal, reaccione catárticamente. [...] Esta comunidad se verá abocada a un cataclismo emotivo hasta que surjan unos héroes que —desde su interior— se enfrenten a la agresión. Una forma galvánica de recuperar su identidad.[49]

El relato fundacional de este modelo es el Génesis, con la serpiente irrumpiendo en el Paraíso y provocando la perdición del hombre. También podemos relacionar el papel del tiburón como ser maligno con varios relatos de carácter mítico o incluso religioso: «Como fábula del hombre contra un monstruo marino, [*Tiburón*] tiene connotaciones míticas en una tradición que llega hasta la Biblia (Leviatán, Jonás y la ballena), *Beowulf* y *Moby Dick*.»[50]

El tiburón de la película de Spielberg, a pesar de ser una simple máquina de matar sin conciencia, parece dotado de una cierta intención, aspecto propiciado por la forma de rodar de Spielberg, situándonos en su punto de vista, y por los ataques al hijo de Brody y al barco de los tres protagonistas:

> *Tiburón* es muy probablemente uno de los films más arquetípicos del argumento del visitante maligno. Una de las claves de su éxito

[49] Balló, J. y Pérez, X. *La semilla inmortal*. Barcelona, Anagrama, 1997, pp. 73-74.
[50] Gordon, A. Op. cit. p. 29.

consiste en haber explicado todo el proceso mediante el cual una comunidad se defiende de la agresión del intruso a partir de una sofisticada tipología de personajes universales. En primer lugar el monstruo, gigante pero realista, inhumano pero con punto de vista[51]

Así, al igual que en *El diablo sobre ruedas*, tenemos un protagonista que no solo es un hombre normal, sino que incluso está menos capacitado que muchos otros para enfrentarse a este formidable antagonista. Y por otro lado tenemos un villano que actúa compulsivamente, sin remordimientos, un oponente al que no hay que entender ni con el que se puede simpatizar, al que el público puede temer y odiar sin límites, una especie de abominación de la naturaleza más que un simple animal.

Por ello el espectador puede identificarse plenamente con Brody, el protagonista, sufriendo por su destino. Pero no basta con mostrar sus debilidades y desventajas (algo que incluso podría alejarlo de las simpatías de algún espectador), es necesaria una vinculación emocional, y como en la práctica totalidad del cine de Spielberg, esta llega a través de la familia. En este apartado, la escena más eficaz es la más sencilla: aquella en la que Brody está sentado a la mesa, preocupado por los acontecimientos alrededor del tiburón. Su hijo pequeño está sentado a su lado, y empieza a adoptar las mismas posturas y gestos que su padre, que se da cuenta y comienza un juego entre ambos sin mediar diálogo alguno. La espontaneidad y ternura del momento acerca al espectador al personaje mucho más que ninguna otra secuencia.

Fue el propio Spielberg el que al reescribir el primer guion de Benchley, modeló a Brody de este modo, convirtiéndolo en otro de sus hombres corrientes en situaciones extraordinarias, y como se ve en la secuencia referida, en uno de sus hombres-niño.

El tiburón se convierte así, al igual que el camión de *El diablo sobre ruedas*, en un elemento polivalente sobre el cual el espectador puede proyectar sus miedos más profundos. Son muchos los estudios que hacen interpretaciones psico-sexuales de la película, intentando explicar su atractivo universal.

---

51 Balló, J. y Pérez, X. Op. cit. p.82.

Tampoco faltan las lecturas políticas, algo normal teniendo en cuenta que la cinta fue creada durante tiempos especialmente convulsos en la historia de Estados Unidos: «El héroe de *Tiburón* es el «salvador paternal», restaurando a la familia y a la comunidad después de Vietnam y el Watergate.»[52] De hecho, el conocido cartel de la película, en que se presenta al tiburón a punto de atacar a una sonriente bañista, se ha usado muchas veces en las viñetas de la prensa política americana, identificando al tiburón con distintas amenazas políticas según la línea editorial de cada periódico (Reagan, el comunismo, la crisis energética…)

Teniendo en cuenta que el guion pasó por varios escritores, es posible que algún elemento de esa índole esté en la mezcla, aunque Spielberg no lo cree así: «No he pensado nunca en una simbología política. […] Toda referencia política es puramente accidental.»[53] En cualquier caso, sería algo que quedaría fuera de nuestro foco de estudio. Lo interesante es precisamente que el tiburón es un elemento terrorífico que puede significar diferentes cosas para cada persona, es un terror atávico y primario, y probablemente ahí radique su eficacia. El hecho de que sea un elemento relativamente neutro ayuda a esa variedad de interpretaciones.

El propio autor de la novela en que se basa la película (y uno de sus guionistas), Peter Benchley, también está en esa línea, y añade una función catártica: «No solo tememos a nuestros depredadores. Nos trasfiguran. Tendemos a crear historias y fábulas porque la fascinación da lugar a la alerta, y la alerta a la supervivencia. En un sentido profundamente tribal, amamos a nuestros monstruos.»[54]

Y por supuesto, también nos interesa determinar qué significa el tiburón narrativamente en la película, cómo encaja en la historia personal y cinematográfica de Spielberg, y por lo tanto las razones por las que se le subraya con el ocultamiento visual (más allá de la función práctica de aumentar el suspense). La primera pista es una

---

[52] Kolker, R. P. *A Cinema of Loneliness: Penn, Kubrick, Scorsese, Spielberg, Altman*. Nueva York, Oxford University Press, 1988, p. 287.

[53] Cantero, M. *Steven Spielberg*. Madrid, Cátedra, 2006, p. 55.

[54] Eggert, B. «The Definitives. *Jaws* (1975)», en deepfocusreview.com, 2012 [consultado el 12-04-2015].

declaración muy significativa del propio Spielberg, ante la pregunta de si le dan miedo los tiburones: «No es tanto que tenga miedo de los tiburones, tengo miedo del agua y tengo miedo de todo lo que existe debajo del agua que no puedo ver.»[55] El miedo a lo que no se puede ver, a lo que está oculto. La base para construir un estilo alrededor de la omisión. El tiburón, tal como confirma esta declaración, no es más que un elemento simbólico que representa todas las amenazas ocultas, de ahí su carácter elíptico durante buena parte de la película. Simbolizaría los peligros del mundo exterior que teme el hijo de una familia rota que se siente abandonado por su padre. Spielberg dice tener miedo al agua: es hidrofóbico, como Brody. No es difícil establecer al personaje como reflejo del director.

Y es que el mar no deja de representar, en cierta medida, el inframundo, lo desconocido, un reino por descubrir donde el mal acecha, un mal oculto:

> El mar es un lugar de lo desconocido: la vida que yace bajo su superficie, aunque temible, es mayor que lo visible [...] todo lo secreto, oculto, oscuro; el abismo, el mundo de los muertos, todo lo que devora, seduce y envenena, que es terrorífico e inevitable como el destino.[56]

Es por esto que resulta tan pertinente el recurso de la ocultación:

> Como en todas las mejores películas de Spielberg, el peligro es omnipresente en *Tiburón,* escondiéndose fuera del plano y esperando impaciente a devorarnos. Los momentos más precarios para los personajes de Spielberg ocurren cuando las cosas parecen más calmadas y agradables.[57]

Y así es como descubrimos, una vez más, que Spielberg es muy constante con sus temas, empezando por la familia, y cómo el miedo de Brody al agua es el miedo a perder a su familia. Porque

---

[55] Schickel, R. Op. cit. p. 48.

[56] Silet, C. (Ed.) *The Films of Steven Spielberg*. Oxford, Scarecrow Press, 2002, pp. 5-6.

[57] Friedman, L. Op. cit. p. 175.

Tiburón vuelve a presentar a un personaje que, a pesar de ser policía, rehúye los problemas y enfrentamientos (es por eso que se ha trasladado de Nueva York a la pequeña isla de Amity). Es, además, igual que el David Mann de *El diablo sobre ruedas*, un hombre pusilánime que se deja dominar y humillar: Después de encontrar la primera víctima, quiere cerrar las playas, pero el alcalde y las autoridades del pueblo le convencen para que no lo haga, y además le obligan a permanecer en silencio sobre lo ocurrido. Después, la madre del pequeño Alex le abofetea en público. Y nuevamente, tras la captura del tiburón equivocado, el alcalde le impide cerrar las playas.

Es un nuevo David contra Goliat, un hombre pequeño e inadecuado frente a una poderosa bestia asesina. De hecho, Spielberg resume así el núcleo común a ambas películas: «Las dos tratan sobre leviatanes que hacen presa del hombre corriente.»[58]

El dilema de Brody es el mismo que el de Mann: su deber y responsabilidad es proteger a su familia. En el caso de Brody, al ser jefe de policía, ese deber se extiende a toda la población. Pero ya sabemos que la familia es el tema nuclear del cine de Spielberg, y así, es solo después del ataque a su hijo Michael cuando Brody reacciona, le planta cara al alcalde, y supera su miedo al agua para ir en busca del tiburón. Uno de los guionistas que colaboró en la película, Carl Gottlieb, resume así los pasos en la transformación de Brody:

> Tenía que empezar como un hombre que deja a otros dar forma a sus decisiones, incluso hasta el punto en que esas decisiones cuestan vidas; tenía que descubrir sus fallos, luchar por corregirlo y emerger al final de la película como un hombre que se ha enfrentado a sus demonios interiores y los ha conquistado, sometiéndose a la vez al más violento peligro físico.[59]

Esos demonios interiores que amenazan su papel como protector de su familia y comunidad parecen materializarse en el tiburón, función que se adecúa magníficamente a la técnica de ocultarlo visualmente.

---

58 «Dentro del tiburón». Documental citado.

59 Gordon, A. Op. cit. p. 39.

Al igual que el camión de *El diablo sobre ruedas* parecía salido de las peores pesadillas de Mann, lo mismo podría decirse del tiburón respecto a Brody. En ambos casos, la ocultación otorga un aura amenazante y psicológica a ambos elementos: se hacen presentes en la mente del espectador, no en las propias imágenes de la película.

Por esto, la segunda mitad de la película, con Brody, Hooper y Quint en el barco para cazar el tiburón, se convierte en una nueva muestra del tema favorito de Spielberg: el retorno al hogar. Los tres hombres deben capturar al tiburón para poder volver al hogar. No solo en un sentido literal (es decir, salir vivos del enfrentamiento y regresar a casa), sino en construir el hogar, dotarlo de sentido, es decir, un sitio seguro para la familia. La destrucción de la bestia (símbolo de los peligros del mundo exterior) supone un regreso al mismo. Más aún para Brody, el recién llegado que aún tiene que encontrar su lugar. Es por ello que esta parte de la aventura, con unos héroes surcando el mar en busca del regreso a casa tanto física como espiritualmente, tiene ecos de la mítica Odisea de Ulises. Y el tiburón, que sin llegar a mostrarse ha actuado como símbolo del mal oculto que acecha a la familia y al hogar, se hace al fin visible por primera vez en la película.

Hay dos detalles en la película que subrayan esta temática: uno es un diálogo, precisamente en la escena del hospital, después del ataque a Michael, cuando Brody al fin reacciona y obliga al alcalde a firmar el contrato de Quint. Es un diálogo de Brody con su mujer:

> —Brody (entregándole el hijo pequeño a su mujer): ¿Te lo llevas a casa?
> —¿A Nueva York?
> —No. A casa, aquí.

Durante la película hemos visto cómo Brody, un neoyorkino con hidrofobia, tenía que lidiar con un enorme problema (el tiburón) relacionado con su mayor miedo, y que ha puesto en peligro a la gente que debe proteger. Brody parece en todo momento un personaje fuera de sitio, un elemento extraño en la isla (hay un diálogo anterior en que Hooper le hace notar lo extraño que es que haya elegido vivir en una isla). Pero cuando es su familia la afectada, Brody afronta de cara el problema y en ese diálogo con su mujer ratifica que Amity es su hogar, denotando su nueva actitud.

El otro momento ocurre cuando Brody, Hooper y Quint llevan varios días en el barco sin haber conseguido capturar al tiburón. A partir de compartir unas copas, se establece un vínculo entre Hooper y Quint, que comparten historias sobre el mar, mientras Brody permanece al margen. En un momento dado, se ponen a cantar una canción titulada *Show me the way to go home* («Muéstrame el camino para volver a casa»). Es entonces cuando Brody se sienta con ellos y se une a la canción. Obviamente, la letra no es casual. También significativamente, la canción la interrumpe el ataque del tiburón al barco.

¿Y cómo se relaciona el tema del regreso al hogar con el hecho de que el antagonista, el monstruo de la película, permanezca oculto durante tanto tiempo? Como ya se ha explicado, al igual que el camión de *El diablo sobre ruedas*, el tiburón vendría a representar los peligros ocultos que aguardan fuera del hogar, y que amenazan a los miembros de la familia o la comunidad. Es, por tanto, el gran obstáculo para esa vuelta a casa literal y metafórica: «*Tiburón* permanece como un poderoso emblema visual sobre las fuerzas oscuras que están a la espera, debajo de la superficie, para devorarnos.»[60] Así, Spielberg consigue desde la primera secuencia que el espectador tema al mar, crea un estado de alerta permanente por lo que se oculta debajo de la superficie. Y precisamente la reacción ante la amenaza es la reafirmación del hogar y del núcleo familiar.

Es sorprendente el parecido de la secuencia de créditos de la película con la de *El diablo sobre ruedas*. En aquella ocasión, Spielberg empezaba con un plano subjetivo de David Mann saliendo del garaje de su casa, de modo que enfatizaba la salida al mundo exterior, que se demostrará lleno de peligros. En *Tiburón* el primer plano de la película también es un punto de vista subjetivo, pero la historia no es tan minimalista, no es un solo personaje el que

60 Friedman, L. Op. cit. p. 161.

está en peligro. Así que en esta ocasión es el punto de vista del propio tiburón. De esta manera, se consiguen varias cosas: primero, identificar el tema de John Williams con el tiburón, y en especial con esos planos subjetivos subacuáticos. Ambos elementos funcionarán como sustitutos de la presencia del tiburón, al que no se muestra hasta el último acto.

Spielberg siempre ha acreditado a la música de Williams como una de las grandes responsables de la eficacia de la película, precisamente por su papel de aviso del peligro que no vemos: «Es atávica. Es como una sirena que te avisa de que algo va a por ti.»[61] No en vano la música se usa en algunas playas de Australia para avisar a los bañistas de que no es seguro estar en el mar. Es una anécdota, pero sin duda ofrece una idea clara del gran logro de Williams y Spielberg.

También se consigue que la película arranque directamente, ya que el espectador sabe que el tiburón ya está preparado para actuar. Y por último, impregna de tensión la primera secuencia, que de otra manera podría parecer una mera introducción en la que no tiene por qué ocurrir nada malo.

Precisamente esa primera secuencia es también muy importante por lo que se ha expuesto: el agua queda marcada como zona de peligro, como el lugar donde se oculta el mal. Esta táctica de identificación (al igual que ocurre con el tema musical de John Williams) es muy conveniente, ya que el propio antagonista, el tiburón, no se muestra durante tanto tiempo. Las reglas del juego quedan ya establecidas.

Al comienzo de la secuencia se nos presenta un grupo de jóvenes alrededor de una reconfortante fogata. Algunos cantan, otros se abrazan, otros se besan… el ambiente es cálido y relajado. Así, cuando un chico y una chica se alejan del grupo y de la luz de la hoguera, se da el primer paso para demostrar que el peligro aguarda fuera del hogar, del cálido núcleo humano. El grupo de amigos no es más que una forma sustitutiva de familia. Cuando los chicos

---

61 «El tiburón aún funciona: El impacto y legado de *Tiburón*». Documental citado.

se alejan de ella, el mal surge de lo oculto para acabar con ellos. En cierta manera, pues, en esta primera secuencia se encierra todo el sentido de la película.

Resulta curioso cómo a la chica se la ve correr hacia el mar en un plano que sitúa en primer término una valla de palos madera, que de alguna manera recuerda a la amenazante valla de alambre que se veía al inicio de *El diablo sobre ruedas*, cuando David Mann abandonaba la ciudad. La valla de madera, además, tiene los palos posicionados a distintas alturas, de modo que en cierto momento nos parece estar viendo los dientes de una enorme boca (un aviso subliminal de lo que le espera a la chica, quizás).

Es significativo que el primer ataque del tiburón no sea una de las escenas afectadas por las dificultades técnicas: Spielberg, como cuenta en el documental sobre la realización de la película, planeó rodarlo desde el principio sin enseñar al tiburón. Quizás porque este prólogo resume lo que significa este escualo: los dos jóvenes se han alejado de la calidez y protección de su grupo humano, de su hogar, ella se ha aventurado en el mar, un lugar enormemente misterioso y desconocido, y allí es donde surge el mal que acabará con ella, y precisamente por su carácter polivalente como representación de cualquier mal, no se nos muestra. Así explica Spielberg la escena y la decisión de dejar al escualo fuera de campo:

> Pensé que lo que podía dar mucho miedo era no ver al tiburón y ver solo el agua. [...] La idea de esa chica nadando y el público acompañándola habría sido demasiado extraordinaria si, como un leviatán, el tiburón hubiera salido del agua con las fauces abiertas directo a por ella. Habría sido un comienzo espectacular, pero no tendría nada de primario.[62]

La chica se mete en el agua, mientras su acompañante, demasiado bebido para seguirla, se queda tumbado en la orilla. Está por lo tanto incapacitado para meterse en el mar y ayudarla, exactamente igual que el espectador, e igual que Brody durante buena parte de la película. También en este punto concreto parece que la escena

62 «Dentro del tiburón». Documental citado.

resume la esencia de la película, ya que el papel del chico parece anticipar el dilema de Brody.

Narrativamente, no hay protagonista más interesante para enfrentarse al peligro representado por lo que oculta el mar que un hombre con miedo al agua. Precisamente porque es el más improbable triunfador, al igual que el pusilánime David Mann.

Es cierto que, como hemos visto, Brody se ve impotente para cumplir con su misión, que es defender su hogar, a sus ciudadanos, e incluso a su familia. Bien sea por su miedo al agua o por su incapacidad para imponer sus criterios frente a las autoridades políticas del pueblo, lo cierto es que el momento crítico llega en la terrible escena de la muerte del niño Alex Kintner, el punto más bajo del personaje.

Es por esto que, tal como veremos más adelante, Spielberg plantea toda la escena desde el punto de vista y la perspectiva del jefe Brody, como él mismo explica: «La escena es sobre él, sobre su reacción. No trata de la muerte del pequeño Kintner. Es sobre el jefe de policía, su miedo al agua, su responsabilidad de proteger a la población, su temor a que haya un tiburón en el agua, porque sabe que está ahí.»[63]

Estas palabras de Spielberg parecen corroborar que, tal como se defiende en este libro, el director usa las omisiones para estudiar las reacciones humanas, para centrarse en los personajes antes que en los hechos. Para un espectador cualquiera, la escena trata sobre la muerte de un niño. Pero en realidad esa acción no la hemos visto. Como dice Spielberg, la escena es sobre la reacción de Brody a esa muerte, y el dejarla elíptica ayuda a contarlo.

De hecho, la forma de rodar de Spielberg delata sus intenciones: mientras el ataque del tiburón queda fuera de campo y lo único que vemos es al niño desaparecer bajo el agua en un plano general, el director reserva su recurso más ingenioso para mostrar la reacción de Brody. El jefe de policía, sentado en una silla, observa impotente lo que sucede, en un estado de shock paralizante. Spielberg retrata su estado con un recurso que Hitchcock diseñó

---

63 «Dentro del tiburón». Documental citado.

para retratar el vértigo del personaje de James Stewart en *De entre los muertos* (*Vertigo*, 1958): combinar un *zoom* (acercamiento óptico de la lente) hacia atrás con un *travelling* (movimiento físico de la cámara) hacia adelante. De esta manera, una persona u objeto permanece fijo en la perspectiva del plano, mientras el fondo detrás de él se mueve. Así, podemos decir que físicamente Brody está inmóvil, clavado a su silla, pero su mente se lanza hacia donde está pasando la tragedia. Una magnífica plasmación visual del dilema y contradicción entre el sentido del deber del personaje y sus propios miedos y demonios. Además, la referencia a la película de Hitchcock no deja de ser curiosa, ya que su protagonista también sufre una fobia que le impide salvar una vida.

Spielberg también mencionaba el tema de la responsabilidad de Brody. Esta insistencia con las obligaciones de las figuras de poder y el miedo al abandono podemos relacionarlos con la historia personal del director, el miedo a perder la familia y el trauma que supuso el abandono de su padre. De hecho, el segundo punto de giro en el arco de transformación de Brody, lo que le hace reaccionar, es cuando la amenaza se cierne sobre su propia familia. Después del ataque a su hijo Michael, Brody obliga al alcalde a cerrar las playas, a contratar a Quint y él mismo decide unirse a la caza. Pero el arco no se cierra hasta que se debe enfrentar solo al tiburón en el clímax de la película. Este arco de transformación es uno de los aspectos más satisfactorios para el espectador, y uno de los puntos decisivos para la popularidad de la película, pues constituye un relato heroico básico, con un personaje que se eleva sobre todas sus desventajas para superar una prueba suprema.

En la segunda mitad de la película Brody cuenta con dos aliados para acabar con el tiburón, el pescador Quint y el ictiólogo Hooper. Representan los héroes que la sociedad envía para acabar con el agresor que la amenaza, adaptándose a los relatos derivados del modelo del intruso destructor:

> La comunidad agredida es un paraíso turístico con conflictos soterrados que aflorarán gracias a la intervención del visitante maligno. Pero la necesaria cohesión llevará al grupo a nombrar unos agentes

capacitados para destruir a la bestia: [...] un héroe tricéfalo que intenta hermanar la ciencia, la ley y la fuerza aventurera.[64]

Los dos aliados de Brody son conocedores de los tiburones, y poseen sus propias armas y conocimientos, pero el acercamiento de ambos es totalmente distinto. En los relatos clásicos suele existir un personaje, el sabio anciano, que ayuda al héroe con artilugios especiales y su propia sabiduría. En *Tiburón* esta figura está dividida entre Quint y Hooper: Uno es un hombre de acciones, que pretende destruir a la bestia, el otro un erudito que pretende estudiarlo.

Al mismo tiempo, ambos representan mundos opuestos: lo viejo y lo nuevo, lo mitológico y lo tecnológico, el instinto y el intelecto. De hecho, los roces entre los dos personajes son continuos desde la primera secuencia en la que coinciden, con Brody en una posición intermedia.

Y sin embargo, a partir de compartir una botella de licor, Hooper y Quint encuentran sus puntos en común, mostrando cada uno las cicatrices provocadas por los tiburones. Como ya hemos explicado, este hermanamiento entre los hombres (al que se une Brody) se produce mientras cantan una canción marinera sobre el regreso al hogar, con lo cual se sugiere una provisional unidad familiar. El hecho de que la canción se interrumpa por un ataque del tiburón parece encapsular en esa escena la esencia de la película y lo que significa el tiburón: la amenaza a la unidad humana, a la familia. Exactamente igual que la primera secuencia de la película, como ya se explicó.

No deja de resultar curioso que incluso en esta familia circunstancial, a la figura paterna, Quint, se le retrate con tintes claramente negativos, como es habitual en el cine de Spielberg. No solo por su extremo comportamiento y avaricia, sino que incluso se nos da a conocer que participó en uno de los hechos más luctuosos de la historia de la humanidad, el lanzamiento de la primera bomba atómica. Casi como si fuera un castigo por ello, Quint es el único del trío que acaba en las fauces del tiburón.

---

64 Balló, J. y Pérez, X. Op. cit. p. 82.

Así, los aliados de Brody no resultan ser la solución al conflicto de la película. La historia no sería catártica para el espectador si el encargado de la destrucción del escualo no fuera el protagonista, el temeroso e inadecuado Brody, usando, eso sí, el rifle de Quint y una de las bombonas de oxígeno de Hooper. De esta manera, se cumple el papel de «armeros» de ambos personajes.

5.2. El estilo Spielberg en *Tiburón*

Al igual que pasaba en *El diablo sobre ruedas*, en *Tiburón* Spielberg utiliza distintos recursos para ocultar al antagonista. Pero mientras en aquella película podía usar el camión como elemento visual (aunque no se viera la cara del conductor), en esta no podría mantener al tiburón oculto durante todo el metraje, aunque sí durante buena parte de película. Analizaremos las secuencias más interesantes alrededor de esta ocultación:

-En la muy conocida secuencia tras los créditos, ya vemos un ejemplo de cómo se sustituye al tiburón por los planos subjetivos y la música. Hemos visto a la chica meterse en el mar, y empezar a nadar. De repente, nos presentan un plano subjetivo desde debajo del agua, en que vemos la silueta de la chica desnuda, nadando en la superficie. La cámara (el tiburón) se acerca, siguiendo las obsesivas notas del tema de John Williams, que gracias a la secuencia de créditos ya identificamos con el escualo, y que tendrá un papel fundamental por el uso del fuera de campo. Frente a la opción de dar un susto al espectador, Spielberg prefiere ponerlo nervioso anunciando lo que viene, es decir, recurre al suspense.

Seguidamente, vemos cómo la chica empieza a notar unos tirones hacia el fondo, y la empiezan a arrastrar violentamente de un lado a otro. En este momento la cámara no muestra nada de lo que sucede debajo del agua, solo las violentas sacudidas que sufre la chica y sus reacciones.[65] Pero es precisamente lo que no se muestra

[65] Ver Imagen 2.

lo que tiene más efecto en el espectador, que tiene que imaginar lo que está pasando debajo del agua.

También la actriz protagonista de la escena, Susan Blacklinie, ofrece una idea de por qué esta forma de rodar resulta más terrorífica: «Creo que es más aterrador no ver algo, porque si lo ves lo aceptas, pero si tu imaginación corre libre, puede ser cualquier cosa.»[66] Y el propio Spielberg confirma que su intención es implicar mentalmente al espectador gracias a este fuera de campo: «En este caso quería hacerlo sin el tiburón, con las sacudidas violentas para que se disparara la imaginación acerca de lo que pasaba por debajo del agua.»[67]

Finalmente, la chica se agarra a una boya pero vuelve a sufrir un tirón que hace que desaparezca bajo el agua. La secuencia se cierra con un plano general del mar en calma, justo en el punto donde ha desaparecido la chica (la boya). Normalmente, mantener un plano en el que no hay personajes ni ocurre nada va en contra de lo que se considera una buena narración. Sin embargo, por lo que se ha visto (y sobre todo lo que no se ha visto), ese espacio ha adquirido otro significado. Es como un tiempo de respiro al espectador, que solo puede imaginar lo que está ocurriendo debajo de la superficie: El agua ha quedado cargada de amenaza.

-Tras la muerte de la chica, se nos presenta al protagonista, el jefe Brody. Sobre el fondo del mar a través de su ventana (el escenario del peligro que acecha, una vez visto lo ocurrido) aparece su cabeza fuera de foco. Sin duda, un modo peculiar de presentar al que debe ser el héroe, sin que se pueda ver su rostro. Es como si nos contaran que en este momento de la historia, Brody no está capacitado para afrontar la amenaza que se oculta debajo del agua (es hidrofóbico y no tiene una fuerte personalidad). De ahí que sea simplemente un borrón frente al fondo enfocado del mar.

-Después de que Brody vea los restos terriblemente destrozados de la chica en la playa (que por supuesto Spielberg muestra

66 «El tiburón aún funciona: El impacto y legado de *Tiburón*». Documental citado.

67 «Dentro del tiburón». Documental citado.

solo de forma parcial), la secuencia termina con un plano de Brody, que tiene el mar detrás. El personaje, aún impactado, se da la vuelta y se queda mirando hacia el agua. Con esa mirada y lo acontecido, se está creando una presencia en la mente del espectador, la presencia del asesino que merodea debajo de esas aguas.

-La secuencia de la muerte del pequeño Alex tiene una impecable construcción visual que consiste en establecer un suspense que va creciendo hasta que ocurre el hecho. Buena parte de este suspense se basa en lo que se deja ver y no ver al espectador, y cuándo.

La secuencia arranca identificando a las posibles víctimas con un solo movimiento de cámara: empieza siguiendo a una señora gruesa que se dirige al agua. En la orilla juega un joven lanzándole un palo a su perro, y del agua sale el pequeño Alex (con bañador rojo, quizás para identificarlo mejor, quizás también como señal de su destino), al que la cámara empieza a seguir por la playa, hasta que llega a donde está su madre, que le da permiso para bañarse un rato más. La cámara sigue avanzando con Alex hasta que llega a la posición de Brody, en un primer plano de perfil, mirando fijamente al mar, totalmente ajeno y alienado del grupo de personas que tiene al lado, con los que habla su mujer. Seguidamente, la cámara toma el punto de vista de Brody: vemos el perro entrando al agua en busca del palo, salpicando a una pareja de jóvenes que juguetean al lado. La señora gruesa flota boca arriba. Alex rema con los brazos encima de su colchoneta. Spielberg ha unido con su cámara los personajes fundamentales con los que va a jugar en la secuencia: las posibles víctimas y el protagonista, estableciendo su punto de vista como el que nos va a guiar en la escena. Y acertadamente, ya que Brody es el único de toda la playa consciente del peligro, y por lo tanto su percepción es la adecuada para transmitir al espectador la tensión necesaria.

Para aumentar el suspense, Spielberg utiliza una serie de extras que pasan por delante de cámara constantemente, bloqueando fugazmente la visión de Brody, y con ella la del espectador.

Así, por ejemplo, en un momento dado se ve un bulto oscuro que se acerca a la señora gruesa. Los figurantes tapan la visión lo suficiente para que no quede claro qué es (podría ser la aleta del tiburón), Brody se altera y se incorpora, pero el bulto se revela como un anciano que lleva un gorro de baño oscuro.

En otro momento, Spielberg prefiere no abusar del mismo recurso, y es ahora un señor el que se pone delante de Brody para hablarle de algún asunto intrascendente, tapándole la vista a él y al espectador de lo que pasa en el mar, ignorando la tensión interna de Brody y del espectador. Este contraste entre lo frívolo de las conversaciones que rodean a Brody y lo dramático de lo que sabemos que va a suceder, solo ayudan a que aumente la escalada de suspense hacia la inevitable tragedia. De repente, la chica de la pareja grita en el agua. Vemos el estado de tensión de Brody al ver sus ojos asomarse por encima del hombro del inoportuno vecino. La chica parece gritar por algo que hay debajo del agua y que por tanto no vemos. Pero se eleva y vemos que su novio, que se incorpora en ese momento, la tiene subida a sus hombros. Nuevamente el juego de lo que está oculto, de lo que hay bajo la superficie del mar, de lo que el espectador ve, lo que no ve, y lo que cree ver.

Pero justo antes del ataque del tiburón, ocurre algo que parece una ominosa señal de lo que va a acontencer. Vemos al joven que jugaba con su perro llamándolo: no aparece por ningún lado. Seguidamente, vemos un plano detalle del palo con el que estaba jugando, flotando en el agua. De esta manera, se nos ha contado de forma sutil que el perro ha sido víctima del tiburón, mostrándonos los efectos del acontecimiento en vez del hecho en sí.

Y es entonces, con el público ya avisado de que el tiburón está en la playa, cuando sucede el ataque, y se narra siguiendo el patrón establecido desde el comienzo de la película: plano subjetivo subacuático, en que vemos las piernas de las personas que nadan en la superficie del agua, mientras suena el tema del tiburón de John Williams. La cámara (el tiburón) parece dudar entre varias opciones, y finalmente se dirige a la colchoneta del pequeño Alex, de la que sobresalen sus piernas. Seguidamente, en plano general vemos al niño ser violentamente volteado. Por detrás solo vemos la aleta del tiburón. Sigue un plano de reacción de la gente que está en la arena, que se levantan mirando hacia el agua (con la inteligente excepción de la madre del chico, que lee un libro y es la única mirada en sentido contrario). En un nuevo plano subacuático, vemos al pequeño Alex hundirse en medio de un remolino de burbujas y sangre, pero no vemos a su agresor ni lo que sucede debajo de su cintura.

Vemos un nuevo ejemplo de cómo Spielberg muestra una acción a través de sus consecuencias al final de la secuencia, cuando después del ataque contra Alex (al que hemos visto sumergirse, y no sabemos qué ha sido de él), y mientras la madre lo llama desde la orilla, vemos un plano detalle de un trozo de la colchoneta del niño, que llega hasta la orilla desgarrada. Nuevamente, al mostrarnos los efectos se nos da una idea de lo terrible del suceso, sin tener que presenciarlo en detalle.

-La presentación de Quint se rodea de un cierto misterio, dándole al personaje una adecuada aura mítica. En la reunión del ayuntamiento, donde se discute qué hacer, en medio de una acalorada discusión, suena el desagradable sonido de unas uñas arañando una pizarra. Vemos que es una mano la que realiza la acción (y nótese el detalle de que en la parte de la pizarra por donde pasa la mano hay dibujado un tiburón con un hombre en la boca, una sombra del destino del poseedor de la mano). Antes de ver al personaje, vemos distintos planos de ciudadanos reaccionando ante Quint y su discurso. Entonces la cámara comienza un sinuoso *travelling*, abriéndose paso entre los asistentes a la reunión, para acabar mostrando finalmente a Quint.

-Escena nocturna en la que unos pescadores locales han preparado una trampa para el tiburón. Toda la actividad del escualo se revelará por los efectos de su presencia: primeramente, vemos cómo el neumático que sirve de boya empieza a sufrir tirones, y a ser arrastrado. Vemos cómo la cadena empieza a correr a toda velocidad. Cuando está totalmente tensa, el muelle es arrancado y cae al agua, junto con uno de los pescadores.

Una vez se ha establecido que el muelle está sujeto al tiburón, Spielberg consigue que el espectador lo identifique con la bestia. Así, mientras el pescador intenta volver nadando al embarcadero, vemos cómo el muelle suelto en el agua se da la vuelta hacia él, y comienza a avanzar. Cuando ya lo tiene muy cerca, el pescador consigue finalmente subir al embarcadero, justo cuando el muelle llega hasta él. Finalmente, se queda quieto en la orilla, dando a entender que el tiburón ha conseguido soltarse. Una secuencia de gran poder psicológico que parece subrayar aspectos temáticos:

> *Tiburón* trata sobre las fuerzas, en buena medida invisibles, que nos arrastran. No vemos al tiburón en la escena, pero vemos el trozo de muelle arrastrado. Del mismo modo, no vemos las fuerzas comerciales que arrastran al alcalde, pero vemos su incomodidad al estar en su poder. Y, como el tiburón, las fuerzas comerciales en *Tiburón* son brutales, irreflexivas, insensibles, inhumanas, implacables y carentes de respuestas.[68]

-Los turistas llenan la playa, pensando que el tiburón capturado era el responsable de las muertes acontecidas. En un momento dado, se nos muestra un plano desde debajo del agua, en que vemos las piernas de unos bañistas. Por lo ya visto en la película, se podría pensar que es otro plano subjetivo del tiburón. Pero falta algo: la música de John Williams. Vemos una aleta acercarse a unas chicas, pero sigue sin aparecer la música asociada a cada ataque del tiburón. Otra chica mira horrorizada la aleta y grita, provocando una estampida de pánico.

Finalmente, la aleta se revela falsa al emerger del agua dos niños que la estaban moviendo. Los niños se dan la vuelta, y sus sonrisas se tornan en asombro y miedo ante lo que ven, que queda fuera de campo. Contraplano: varios policías en botes apuntándoles con fusiles.

Es interesante comprobar cómo, a pesar de crear un momento de suspense con la falsa aleta y los planos subjetivos por debajo del agua, Spielberg no rompe las «reglas» de la propia película al no acompañar el falso tiburón de la música de John Williams. De hecho, en la escena que sigue (el ataque al velero en que va el hijo de Brody) sí vemos la auténtica aleta del tiburón, esta vez con el

---

68 Alcott, T. «Spielberg: Jaws Act I», en toddalcott.com, 2008 [consultado el 4-10-2011].

tema musical principal de la película. El espectador asocia inconscientemente la música con el peligro.

-Brody y Hooper, en su salida nocturna, encuentran la barca de un pescador local. Sólo sabemos lo que ha ocurrido por los efectos: un barril flotando, la barca abandonada, una dentellada en uno de los lados. Hooper examina el fondo de la barca, donde hay un agujero producto de un violento golpe. Encuentra un diente de tiburón clavado. Justo entonces, por el agujero ve la cabeza cortada del pescador. Un nuevo ejemplo de cómo la imaginación puede rellenar los huecos de un hecho terrible, a partir de mostrar las consecuencias.

-Después del ataque del tiburón al barco donde va Michael, la secuencia termina con un eco del momento en que Brody miraba al mar temeroso, tras encontrar los restos de la chica. Ahora, después de comprobar que su hijo ha podido ser una víctima más, se repite la acción: Brody se da la vuelta hacia el mar, aunque esta vez con resolución. También hay un ligero *zoom* de la cámara hacia el agua: nuevamente, se crea la presencia ominosa del tiburón sin mostrarlo. Pero esta vez la acción tiene otro sentido: se ha convertido en algo personal: el tiburón ha atacado a la familia de Brody, y para Spielberg no hay nada más sagrado que la familia. Supone el punto de inflexión del personaje, que de ser dominado por los acontecimientos y otros personajes pasará a tomar control de la situación: en la siguiente secuencia exige al alcalde que contrate a Quint para cazar al tiburón, y además superará su miedo al agua para acompañar a Quint y Hooper en la persecución del escualo.

-Hemos visto el barco de Quint zarpar con los tres hombres a bordo, en un plano ciertamente amenazante: la cámara situada desde la ventana de la cabaña de Quint, con una mandíbula de tiburón en primer término enmarcando el barco. Encadena a un plano de un rastro de sangre en el agua: ¿qué ha ocurrido? ¿Ha fracasado la misión, ha muerto alguno de los protagonistas? La cámara sigue el rastro, que llega hasta la popa del barco, y vemos que en realidad es cebo que está vertiendo Brody en el mar. Sin duda esta forma de narrarlo (unido al ominoso plano anterior) consigue crear en el espectador una expectativa terrible, y a continuación el alivio de descubrir el origen de la sangre.

-Una vez estamos con los protagonistas en el barco, se establece un cambio en el tratamiento visual del tiburón. Si hasta ahora el director ha usado el suspense, en el momento de ofrecer al fin la primera visión clara del tiburón Spielberg prefiere asustar al público. Brody está echando por la borda del barco cebo para atraer al tiburón. La sangre y los trozos de cebo provocan que el tiburón quede oculto bajo el agua, de modo que cuando emerge sorprende totalmente al espectador, y a Brody, que exclama la mítica frase «vamos a necesitar un barco más grande». El momento resulta más eficaz gracias a la ocultación previa, como explica el propio Spielberg: «No tendrías ese shock si el tiburón se hubiera usado demasiado a menudo y demasiado claramente antes.»[69]

Además, es significativo que este tercer acto arranque precisamente con la primera visión clara del tiburón. Es como si Spielberg quisiera avisarnos de que las apuestas han subido: ahora estamos en los dominios de la bestia.

-Un nuevo recurso muy inteligente para hacer presente al tiburón sin verlo: para obligarle a salir a la superficie, los protagonistas deciden usar unos bidones de oxígeno y clavárselos, los cuales deberían evitar que el tiburón se sumerja. Vemos cómo disparan el arpón, y el primer bidón es arrastrado por el tiburón. Sale a toda velocidad, pero finalmente se hunde. No solo se consigue establecer una señal de la presencia del tiburón, también se le da al espectador la idea de la fuerza que tiene.

Esta secuencia le proporciona a Spielberg, a partir de entonces, un medio visual de señalar al espectador la presencia del tiburón sin mostrarlo: al ver los bidones que lleva clavados, el espectador se pone en alerta, son un señalador perfecto.[70]

-El ataque del tiburón al barco se cuenta a través de sus efectos: las maderas del casco rompiéndose de fuera hacia adentro. Botellas y cacerolas empiezan a caerse de la mesa de la cocina. Un armario

---

69 Schickel, R. Op. cit. p. 50.

70 Ver Imagen 3.

se abre y se caen remos, cabos y otras cosas de él. Brody cae al suelo y se nos revela que hay ya una cierta cantidad de agua en él lo cual resulta inquietante: «Se nos corta la respiración porque el agua está entrando en el barco, y Spielberg ha hecho un trabajo magistral estableciendo que el agua misma es un elemento a temer.»[71] Una lámpara de gas que cae al suelo, provocando un pequeño incendio. La bombilla eléctrica del techo parpadea hasta que se apaga.

Hay que hacer notar dos cosas sobre esta secuencia: sucede inmediatamente después del diálogo de Quint sobre el Indianapolis, y es la primera vez que el tiburón, hasta entonces la presa, ataca el barco. Así, se puede establecer una relación, que vendría a apoyar una de las posibles lecturas de la película que apunta Friedman, la que él llama moralista: «El tiburón es la figura de la rectitud moral enviado a castigar a Quint por su papel en la entrega de la bomba atómica.»[72] Si asumimos esa hipótesis, hay que decir que el modo de mostrar el ataque del tiburón, a través de unos violentos efectos producidos por una fuerza invisible para personajes y espectadores (podríamos decir que remiten incluso a los fenómenos extraños de *Poltergeist*), confiere a esa figura vengadora un aura sobrenatural muy apropiada.

---

[71] Alcott, T. «Spielberg: Jaws Act IV», en toddalcott.com, 2008 [consultado el 4-10-2011].

[72] Friedman, L. Op. cit. p. 163.

6. *ENCUENTROS EN LA TERCERA FASE*: LA LUZ DETRÁS DE LA PUERTA

Título original: *Close Encounters of the Third Kind.*
Año: 1977.
Intérpretes: Richard Dreyfuss (Roy Neary), François Truffaut (Claude Lacombe), Melinda Dillon (Jillian Guiler), Teri Garr (Ronnie Neary), Cary Guffey (Barry Guiler).
Sinopsis: Claude Lacombe, un científico francés, acude al desierto mexicano, donde se han avistado unos ovnis y han aparecido unos aviones desaparecidos en la II Guerra Mundial. En una carretera de EEUU, después de un apagón, el electricista Roy Neary tiene un encuentro con otro ovni que le marca la cara. Roy descubre que otras personas han sido contactadas, entre ellos una mujer llamada Jillian y su hijo Barry. De vuelta a su hogar, Roy se muestra obsesionado por lo que ha vivido, pero su mujer y sus hijos no le apoyan ni le comprenden.
Por otro lado, Jillian y Barry se ven acosados en su casa por los extraterrestres, que se llevan al niño. Después de este incidente y otros avistamientos, representantes del gobierno reciben a los contactados, y les intentan convencer de que no existen los ovnis. Roy se sumerge cada vez más en su obsesión, dedicándose a dar forma a una montaña sin pico en todas las situaciones cotidianas. Finalmente, su familia le acaba abandonando.
Lacombe recoge un testimonio en la India según el cual los ovnis han transmitido una melodía de cinco notas. Trabajando con el gobierno estadounidense, descifra unas coordenadas

para lo que parece será un encuentro. El lugar es una montaña igual que la que ve constantemente Roy y los otros contactados. El gobierno organiza una falsa alarma sanitaria para evacuar toda la zona, pero Roy y Jillian, que se han encontrado de camino hacia la montaña, la cruzan y encuentran la base que militares y científicos han montado allí. El gobierno pretende evacuarlos junto a otros contactados, pero Roy y Jillian consiguen huir. Finalmente, asisten a la llegada de los ovnis, que se comunican con los humanos a través de la música. Después dejan salir de su nave nodriza a una serie de personas desaparecidas desde hace décadas, incluyendo a Barry, que se reencuentra con su madre. Los extraterrestres se muestran, y Lacombe propone a Roy unirse al grupo de candidatos para embarcar en la nave. Así lo hace, y los alienígenas lo escogen, entrando con él en la nave y partiendo hacia las estrellas.

6.1. Implicaciones temáticas

Después de rodar varias películas de encargo, el éxito de *Tiburón* permitió a Steven Spielberg hacer realidad un proyecto que partía de una idea propia. Podemos decir que *Encuentros en la tercera fase* es la primera película enteramente personal de la carrera del director. No en vano, es también la primera en la que escribe el guion personalmente.

Y curiosamente, después de las dos películas de «monstruos» que hemos estudiado, *El diablo sobre ruedas* y *Tiburón* (aunque entre ellas se rodó *Loca evasión*), en su primera historia puramente personal, el tono cambia totalmente. Ya no estamos ante una película terrorífica que nos avisa de los peligros que acechan fuera del hogar. Ahora nos encontramos con fuerzas externas que vienen a ayudarnos. Aunque los temas siguen girando en torno a rupturas familiares, miedo al abandono y a la pérdida, la percepción es positiva. La diferencia es que en las otras dos películas, se nos contaba cómo el protagonista tenía que asumir su responsabilidad de adulto, protegiendo a su familia de fuerzas exteriores que la amenazan. En cambio, en *Encuentros en la tercera fase* y en *E.T.* la familia ya está destruida desde dentro, y las fuerzas externas son benignas, ayudando a los protagonistas (en este caso niños, ya sea de forma literal o simbólica) a trascender la tristeza o el hastío de sus vidas rutinarias.

Y nuevamente, encontramos que los extraterrestres, que son los elementos que hacen arrancar la trama, el centro de toda la historia, quedan ocultos durante casi toda la película. Pero si en *Tiburón* el elemento oculto era una fuerza del mal que acechaba en lo profundo, en el averno del fondo del mar, los alienígenas de *Encuentros en la tercera fase* son como enviados celestiales, seres de luz que llegan de lo alto. Casi parece un juego de contrastes con la película anterior: *Tiburón* hablaba de lo primario, lo que se oculta en las profundidades, mientras *Encuentros en la tercera fase* nos presenta lo elevado, lo que proviene de los cielos. En ambos casos, por razones distintas, procede ocultar al espectador esos elementos. Pero el resultado es el mismo: en la historia cobra más protagonismo la reacción de los seres humanos, los efectos en sus vidas, que los propios hechos maravillosos que ocurren.

La idea de *Encuentros en la tercera fase* (y en realidad, el interés de Spielberg por los misterios del universo) se remonta a la infancia del director. Y cómo no, a un recuerdo asociado con su padre, que una noche lo sacó de la cama para que lo acompañara a contemplar una lluvia estrellas, una experiencia que Spielberg califica como su «primer contacto con algo más allá de nuestro mundo.»[73] En la misma película ocurre una situación similar cuando Roy Neary despierta a su mujer y sus hijos para que vayan con él a ver los ovnis. El director admite que: «Puede que eso me impregnara con el deseo de contar historias que no fuesen de este mundo».[74]

Durante su adolescencia ya realizó *Firelight*, un cortometraje de ciencia-ficción que demostraba su interés por el género y los temas que trata. Más tarde, en 1970, escribió un relato titulado

[73] «*Encuentros en la tercera fase*: cómo se hizo». Documental incluido en el Blu-ray *Encuentros en la tercera fase. Edición definitiva 30 aniversario*. Madrid, Sony Pictures Home Entertainment, 2007.

[74] Ibídem.

Experiences sobre contactos con ovnis, siendo para muchos el precedente más claro de *Encuentros en la tercera fase*. *Experiences* derivó en un guion titulado *Watch the Skies* (frase que se dice en un momento dado de la película, delatando su origen), y éste a su vez en la historia definitiva.

Vamos ahora a centrarnos en la «ausencia presente» que se da en esta película, la de los extraterrestres, que solo aparecen en los últimos minutos, una vez consumado el contacto definitivo con los humanos. Spielberg cuenta que precisamente toda esa escena final en la Torre del Diablo es lo primero que escribió, y después se planteó cómo llegar hasta ahí. Así pues, la película se centra en el camino de varios personajes hasta ese lugar de encuentro, y realmente, durante el resto del metraje intuimos más que vemos: «*Encuentros en la tercera fase* en realidad no gira alrededor del encuentro, sino más bien del acercamiento y la expectación.»[75] De entrada, este planteamiento basado en una expectación invita más a la sugerencia de lo elíptico que a la mostración.

En un aspecto narrativo superficial, el ocultar a los alienígenas también ayuda a Spielberg a mantener una cierta ambigüedad: ¿son benignos o malévolos? Ambigüedad que le permite crear cierto interés y suspense en el espectador. Es solo al final que descubrimos su aspecto y la cordialidad que entablan con los humanos, pero durante el resto de la película sus acciones pueden generar dudas en el espectador: provocan cortes de luz, marcan a ciertas personas la cara, crean alteraciones en los aparatos eléctricos y sobre todo, secuestran a Barry en una escena sin duda más cercana al cine de terror que a una ciencia-ficción amable.

Por otro lado, La ocultación confiere a estos seres un carácter mágico que se manifiesta en los efectos que provocan: «Los *aliens* son establecidos desde la primera secuencia como presencias invisibles, divinas y misteriosas, que vienen desde los cielos y realizan milagros.»[76] Y a partir de este carácter mágico, divino e invisible,

---

[75] Cohen, C. Op. cit. p. 24.

[76] Gordon, A. Op. cit. p. 62.

podemos ya establecer uno de los aspectos temáticos más importantes de la película: la alegoría religiosa.

Ya vimos en los capítulos anteriores cómo en *El diablo sobre ruedas* y *Tiburón* existen ciertas connotaciones religiosas, pero en *Encuentros en la tercera fase* y en *E.T.* este tema pasa a cobrar mucha más importancia, pudiendo entender ambas películas como alegorías. *Encuentros en la tercera fase*, en la que un grupo de elegidos son contactados por entidades aparentemente divinas a través de señales, y acaban sellando su pacto con ellas en un monte, se puede considerar una versión *sci-fi* del Antiguo Testamento. Mientras que *E.T.*, en la que un ser celestial viene a vivir entre nosotros, transmite un mensaje de amor, muere, resucita y asciende a los cielos, sería un Nuevo Testamento en relación a *Encuentros*.

Veamos cómo este aspecto va desarrollándose durante la película: el mismo arranque es misterioso e inspirador. Sobre negro, empieza a sonar un ruido que se hace cada vez más grande, y una repentina luz blanca cegadora inunda toda la pantalla.

El elemento de la luz, tan identificado en las religiones con lo divino, es fundamental en la película, asociado siempre a los extraterrestres y el medio a través del cual marcan a los elegidos. Parece como si con este arranque, Spielberg quisiera marcarnos a nosotros también, transfigurarnos en creyentes:

> Se podría resumir *Encuentros en la tercera fase* como una película construida sobre la idea misma de la fascinación y conmoción mística, fundada en la idea de que las inteligencias exteriores nos guían por el camino de la luz, igualando la idea de luz lumínica con luz interior.[77]

Tras este comienzo, nos encontramos con otra imagen sugerente: una tormenta de arena, en medio de la cual se empiezan a ver unas luces. Conociendo que es una película sobre platillos volantes, podríamos pensar que es un ovni, pero enseguida se revela como un *jeep* en el que viaja Lacombe y su equipo. Las primeras voces humanas que escuchamos forman un galimatías de inglés, francés y español. Como veremos más adelante, el tema de la comunicación

---

77 Caldevilla, D. *El sello de Spielberg*. Madrid, Visión Net, 2005, p. 100.

es importante, pero en el aspecto de las connotaciones religiosas, esta secuencia puede remitir al relato de la Torre de Babel: la incomprensión e incomunicación entre los hombres no será una traba para los extraterrestres.

Después, en la secuencia de presentación de Roy Neary y su familia, en el televisor están emitiendo la película *Los diez mandamientos* (*The Ten Commandments*, Cecil B. DeMille, 1953), sobre la figura de Moisés. En concreto, se ve la secuencia del encuentro de Moisés con Dios en el Monte Sinaí. Sin duda un paralelismo con la secuencia final de la película, en que el hombre se encuentra con los alienígenas en la montaña de Wyoming.

La propia figura de Roy Neary, el elegido para ascender con los extraterrestres, tiene ciertas connotaciones mesiánicas: su edad es de 33 años, y su cumpleaños es en diciembre. Por otro lado, sufre una experiencia transformadora al encontrar en un cruce de caminos una luz y un mensaje transformador, como si fuera un nuevo San Pablo. Por ello, no parece casual que la profesión de Neary sea electricista, relacionándolo así con el elemento de la luz, que como hemos visto, define a los extraterrestres y tiene un fuerte sentido religioso.

La luz rojiza con la que los ovnis marcan a los contactados en el rostro remite también a la imaginería de Pentecostés o incluso al Apocalipsis: «El misterio llegado del cielo, como elemento de bondad, estará representado por la luz, y ésta, produciendo calor, marca a sus elegidos ungiendo su rostro con el fuego purificador.»[78]

En el tramo final, vemos que son precisamente doce los contactados que han logrado llegar al centro de operaciones de Wyoming. También vemos cómo los candidatos a subir a la nave nodriza asisten a una misa en la que el sacerdote realiza la siguiente lectura: «Dios ha enviado a sus ángeles para protegeros.» Autores como Gordon reafirman esta comparación de los alienígenas con ángeles o dioses:

---

[78] Cantero, M. Op. cit. p. 157.

> Son omniscientes y omnipresentes, telépatas, capaces de desafiar la gravedad, de superar las limitaciones de tiempo y espacio, y siempre asociados con luz cegadora. [...] Están desnudos como querubines, no portan instrumentos o armas, y no tienen órganos sexuales visibles.[79]

Esta visión supone un giro radical respecto a las películas de ciencia-ficción de los años 50, donde los extraterrestres eran siempre monstruosos y venían a conquistarnos.

Esta analogía que vertebra la película no queda en lo anecdótico, pues propicia uno de los temas principales tanto de la película como del cine de Spielberg: la fe, una cualidad que el director relaciona con la infancia. Es por ello que nos oculta a los extraterrestres durante casi toda la película: la fe consiste en creer en aquello que no se ve. De ahí la importancia del personaje de Barry: «No es casualidad que Barry Guiler, un niño de cuatro años, sea el personaje que consiga la compenetración más plena con los seres extraterrestres, que desean tomar contacto con unos terrícolas torpes y asustados.»[80] Y de hecho, los mismos extraterrestres son interpretados por niños en la película, y se establece por montaje una relación entre Barry y ellos, al insertar un primer plano del pequeño entre varios de los alienígenas.

Y relacionadas con el tema de la fe infantil, las referencias a *Pinocho*, una de las películas de la infancia de Spielberg. El juguete de Pinocho que se usa para presentar a Roy (que gira con la música de la canción original de la película, *When you wish upon a star*) volverá a aparecer en el momento en que Roy empieza a dudar de lo que ha vivido y decide olvidarse de los ovnis, y justo entonces recupera la fe y comienza a modelar la maqueta de la Torre del Diablo más grande. Incluso al final de la película, cuando Roy está a punto de subir a la nave nodriza, suenan unas notas de la canción ya referida. Esto es lo que dice la letra de dicha canción:

---

79 Gordon, A. Op. cit. p. 59-67.
80 Sánchez-Escalonilla, A. Op. cit. p. 75.

«Cuando le pides un deseo a una estrella
Da igual quién seas
Conseguirás todo lo que tu corazón anhela.
Cuando pones tu corazón en tus sueños
Ninguna petición es demasiado ambiciosa
Cuando le pides un deseo a una estrella
Como hacen los soñadores.
Como un barco llovido del cielo
El destino se interpone en tu vida
Cuando pides un deseo a una estrella
Tus sueños se hacen realidad.»

Aunque este libro toma como versión oficial de la película la estrenada originalmente en 1977, hay que señalar que en la «Edición especial» de 1980 aparece una secuencia en la que el equipo de Lacombe encuentra un barco en el desierto desaparecido muchos años atrás. Parece claro que la imagen surge de la canción de *Pinocho*.

La escena en que los juguetes del dormitorio de Barry se ponen en marcha también remite a dicha película, como recuerda Sánchez-Escalonilla:

> Spielberg rememora en esta escena una secuencia del filme de Disney en que todos los juguetes artesanos construidos por el viejo Gepetto también parecen cobrar vida en el taller. Uno de ellos, Pinocho, llegará a convertirse en un niño viviente de madera gracias a la cooperación entre un hada y un constructor de juguetes.[81]

Spielberg admite que el paralelismo del famoso muñeco con el protagonista de su película es buscado, y responde al arco de transformación de ambos: «Roy se convierte en una persona de verdad. Pierde sus hilos, sus articulaciones de madera.»[82] Esos hilos bien podrían ser las estructuras gubernamentales que pretenden impedir el acceso de la gente corriente al encuentro con los alienígenas. Toda la película está impreganada de un cierto aire de paranoia alrededor del gobierno, tan propia de la etapa post-*Watergate* en que fue creada.

---

81 Sánchez-Escalonilla, Op. cit. p. 77.
82 McBride, J. Op. cit. p. 283.

Pero para Roy Neary, esos hilos que le sujetan también son su rutinaria vida familiar, sus responsabilidades de adulto y la visión del mundo que parece que debe asumir por esa condición. Para librarse de esas ataduras, debe recuperar la fe. De hecho, es muy significativo que, justo antes de su encuentro con el ovni en el cruce de vías (una encrucijada, literalmente), Roy exclama «¡Ayuda, estoy perdido!» como si fuera la forma más simple de oración, a la que parecen responder los extraterrestres de forma inmediata.

Veamos ahora cómo presenta Spielberg a su protagonista Roy Neary, y cómo se relaciona con la forma de narrar la película:

En un principio, el protagonista de la película iba a ser un militar que tiene un contacto con un ovni. En aquel momento, el estudio pensó que era mejor contratar a un guionista profesional, y se encargó la escritura a Paul Schrader (autor de *Taxi Driver*, Martin Scorsese, 1976). Spielberg no quedó nada satisfecho con el libreto, no solo por el habitual tono nihilista y descarnado de Schrader, sino porque se dio cuenta de que le era difícil identificarse con el protagonista. Fue entonces cuando decidió escribir el guion él mismo. No quería que la película dejara de ser profundamente personal: «Quería que fuese sobre mí, sobre mis padres, sobre amigos que conozco. Quería una historia accesible sobre una persona común a la que un avistamiento cambia la vida completamente.»[83]

Así pues, encontramos de nuevo un protagonista arquetípico del cine del autor: una persona normal en circunstancias extraordinarias (para entonces ya se había acuñado la frase, y Spielberg la incluye en los diálogos en un momento dado de la película). El propio apellido del personaje procede de la palabra «near» (cerca), es decir, Spielberg quiere que lo consideremos cercano, alguien que podría ser nuestro vecino. Un eco, quizás, del apellido Mann en *El diablo sobre ruedas*. También comparte con los protagonistas anteriores el ser algo pusilánime, el ser zarandeado por distintos personajes y entidades a lo largo de la película, hasta que al final consigue realizarse al superar sus desafíos:

---

83 «*Encuentros en la tercera fase*: cómo se hizo». Documental citado.

> Abusan de él en el trabajo, su hermosa mujer de cortas miras le atosiga […], es despedido cuando menciona que ha visto los ovnis, y reducido casi a un ataque de nervios por la incomprensión de su familia, que responden a su insistencia por descubrir qué pasa abandonándole.[84]

Sin embargo, Roy Neary es una figura importante en el cine de Spielberg porque es la primera vez que encontramos un modelo que se repetirá con frecuencia en el cine del director: el hombre-niño, el adulto que conserva en su interior cualidades infantiles como la fe: «El director Steven Spielberg está mostrando por primera vez al adulto Steven Spielberg: un hombre-niño que lleva una existencia normal pero que continúa deseando un encuentro con el mundo de las maravillas.»[85] El propio actor que lo interpreta, Richard Dreyfuss, cuenta que esa fue la clave que le permitió acceder al papel: «Steven vio que necesitaba alguien capaz de ser un niño y a la vez un hombre.»[86]

Es bien sabido que esta cualidad de hombre con fondo de niño se asocia con la imagen pública del propio Steven Spielberg, aspecto que él mismo reconoce en diversas entrevistas. Por lo tanto, no le cuesta admitir que Roy Neary es una especie de *alter ego* en esta película: «Si me quiero introducir en una de mis películas con un personaje, voy a por Richard. Creo que yo era Neary en *Encuentros*.»[87]

Esto es visible ya desde la secuencia de presentación de Roy, a través del juguete de Pinocho y de la maqueta de trenes, un nuevo guiño a la infancia del propio Spielberg, que recuerda cómo le gustaba provocar accidentes con su tren eléctrico e incluso rodarlo con su cámara de súper 8.

Este carácter infantil, sin embargo, parece condenar al personaje (y en general, a esta figura del hombre-niño del cine de Spielberg) a no ser capaz de funcionar en el mundo adulto. Si Mann

---

84 Greenfield, P. «STOP- and be friendly. *Close Encounters of the Third Kind*», *Movietone News*, 58-59, 1978, pp. 27-32.

85 Sánchez-Escalonilla, A. Op. cit. p. 87.

86 «*Encuentros en la tercera fase*: cómo se hizo». Documental citado.

87 Ibídem.

y Brody debían pasar una prueba de fuego para convertirse en adultos y asumir sus responsabilidades, la experiencia de Neary le aleja aún más de ellas, provocando una ruptura familiar que en cualquier caso parecía inminente.

Que Neary vive en un mundo aparte de la existencia suburbana y terrenal de su familia queda claro en la secuencia en que los lleva a la carretera donde supuestamente deben pasar los ovnis. Spielberg nos muestra un plano detalle de los pies de Ronnie, haciendo así énfasis en sus zapatillas de estar por casa, un elemento doméstico y rutinario que en ese entorno mágico (el mundo de Roy) parece fuera de lugar. En la misma secuencia, Ronnie pregunta si los ovnis son como determinado tipo de galletas, vulgarizando así lo extraordinario. Seguidamente, en lo que es una imagen definitoria de la relación, Ronnie besa apasionadamente a Roy, y éste, mientras tanto, eleva sus ojos al cielo en busca de los platillos. Todo lo adulto, incluido trabajo, sexo y familia, queda fuera de su interés: su vista está fijada en las estrellas, muy alejada de su mujer, aunque ésta le esté besando. Roy tiene ciertas cualidades infantiles desde el principio de la película, pero es desde su contacto transformador que ha emprendido una regresión sin retorno, como si los extraterrestres hubieran resucitado al niño que permanecía aletargado dentro de Roy.

Así, a pesar de que en sus películas anteriores se asomaba el temor a la separación familiar y el abandono, es en *Encuentros en la tercera fase* donde se trata por primera vez y de forma abierta una ruptura familiar. Y a pesar del tono amable y esperanzado de la cinta, Spielberg no nos ahorra la tensión y descomposición que supone una situación así. Ya desde el principio de la película, la estampa del hogar de los Neary no es muy acogedora. Para mostrarlo, Spielberg se sirve del manejo de unos espacios reducidos, que además los abigarra de objetos, papeles, juguetes… y al mismo tiempo nos ofrece un panorama sonoro sobrecargado con gritos, golpes y el constante sonido de la televisión: «Su típico hogar suburbano de media clase americana es claustrofóbico y está abarrotado (en oposición a los amplios espacios abiertos de la conclusión).»[88] El director intensifica los momentos de tensión con distintos elementos como el niño pequeño destrozando una muñeca a golpes en la primera secuencia del hogar, o el momento en que los niños aporrean el piano mientras sus padres discuten. Esta atmósfera, presente también en las otras dos películas de lo que muchos autores denominan la «trilogía suburbana» de Spielberg (*E.T.* y *Poltergeist* serían las otras, aunque esta última la firma Tobe Hooper, con Spielberg como productor y guionista), parece que en cierta manera recrea los más amargos recuerdos del director respecto al divorcio de sus padres: «Estas son películas sobre la ansiedad por el divorcio y la separación, y en cierta manera, todas recrean el hogar de niñez de Spielberg en los suburbios e intentan superar la destrucción de esa existencia idílica.»[89]

Las propias palabras del director confirman esta relación, y nos dan la clave que nos permite entender sus elecciones narrativas: «Yo usaba las películas, creo, para escapar a un mundo de fantasía. Lejos de mis padres... ellos no se llevaban bien y había mucho ruido en la casa de noche.»[90]

Consideremos esta declaración: en ella, el director une los amargos recuerdos de un hogar roto (tema de la separación familiar y el abandono de su padre) a la fantasía infantil y al cine (tema de la fe infantil en otros mundos). Ambos temas nos hablan de ausencias que pesan, que se hacen presentes en el día a día, y de otro tipo de presencias que no se pueden ver, esos mundos de fantasía que viven con nosotros. No es, por tanto, de extrañar que la elipsis y el fuera de campo vertebren el estilo cinematográfico de Spielberg.

Pero estas declaraciones también nos desvelan la paradoja sobre el personaje de Neary: por un lado es, como el mismo director reconoce, un *alter ego* de Spielberg, un hombre-niño que conserva la fe en otros mundos. Pero al mismo tiempo, pasa a ser la figura más cercana al mal padre que abandona a su familia por sus obsesiones.

---

[88] Williams, T. «Close Encounters of the Authoritarian Kind», *Wide Angle*, 4.5, 1983, pp. 23-29.

[89] Gordon, A. Op. cit. p. 56.

[90] Ibídem.

Spielberg lo retrata con rasgos que recuerdan a su padre: un hombre distante y absorto en sus cosas, sin tiempo para su familia. También coincide en el interés por los artilugios tecnológicos y por la astronomía, incluso recrea el recuerdo de su infancia cuando Neary, como su padre, despierta a su familia en plena noche para salir a observar el cielo.

Neary es, pues, como ocurre en los sueños, una figura polivalente: uno de los héroes corrientes de Spielberg, un *alter ego* del director, y a la vez una evocación de su padre negligente y ausente.

Y Roy Neary no es el único «mal padre» en la película, ya que encontramos otras figuras de autoridad masculina retratadas de forma negativa:

> En *Encuentros* (y también en *E.T.*), los padres y las autoridades masculinas en general están ausentes o no son de fiar. Barry no tiene padre [...] y Roy abdica de su responsabilidad parental [...] los oficiales gubernamentales son malos padres que encubren la existencia de los ovnis, mintiendo al público [...] y Roy está furioso con ellos y se rebela contra ellos.[91]

Hay otros dos personajes en la película que actúan como coprotagonistas, y a la vez complementan a Roy como si fueran reflejos de distintas facetas suyas. Uno es el niño Barry, que se entrega a la abducción extraterrestre sin reservas. El otro es el científico Lacombe, obsesionado por el fenómeno ovni y siguiendo su rastro por todo el mundo.

Barry es la imagen del espíritu infantil de Roy, su carácter confiado y falto de miedo. La relación está trazada con diferentes pistas. Por ejemplo, se conectan por montaje los juguetes mecánicos de Barry con la maqueta de trenes de Roy. La actitud de Barry hacia los extraterrestres es receptiva y entusiasta, como la de Roy. Los ve como compañeros de juegos (no en vano, al ver sus naves espaciales exclama «¡juguetes!»). Incluso en una escena tan terrorífica a priori como la del asedio a su casa y posterior abducción, la actitud de Barry es diferente de la esperada: sonríe, les invita

[91] Gordon, A. Op. cit. p. 70.

a bajar por la chimenea, incluso es él mismo el que se mete en la gatera para encontrarse con ellos, en contraste con la reacción aterrorizada de su madre. Pero no solo la actitud de Barry parece adelantar las buenas intenciones de los extraterrestres. También el tipo de luz elegido por Spielberg, unos tonos cálidos que se suelen relacionar con ambientes positivos y acogedores.

No hay que olvidar que esta secuencia nos ofrece el plano mítico del niño abriendo la puerta detrás de la cual hay una extraña y potente luz, la imagen que el propio Spielberg señala como la favorita de todas sus películas, y la que resume mejor su cine[92]:

> Cuando diseñé el plano, para mí representaba lo que solo un niño podía hacer: Confiar en la luz. Un adulto se escondería y diría «no abras la puerta, ciérrala, ahí afuera hay cosas que no entendemos, cosas que podrían cambiarnos o matarnos». Pero el optimismo de la niñez al abrir esa puerta, y la luz, siendo la presencia de todo, siendo la inclusión de todos los colores… esa luz era algo de lo que el niño quería saber más. […] Para mí, *Encuentros* trata sobre niños abriendo puertas a preciosas fuentes de luz.[93]

En esta frase de Spielberg encontramos la diferencia principal entre *Encuentros en la tercera fase* y las dos películas ya estudiadas: mientras en *El diablo sobre ruedas* y *Tiburón* los protagonistas son adultos temerosos de lo que van a encontrar afuera (y con razón, porque encontrarán monstruos), en *Encuentros* tanto Roy como Barry abren la puerta al misterio, y encuentran algo maravilloso.

En cuanto a Lacombe, podemos identificarlo también como otra variante de Roy Neary. Si Barry es el niño que fue una vez y que aún vive en su interior, Lacombe es el adulto sabio que Roy puede llegar a ser. Pero su característica principal es que conserva la fe y el entusiasmo que comparte con Roy y Barry, y que los convierte en el trío protagonista ideal para esta odisea (en un modelo similar al trío protagonista de Brody, Hooper y Quint en *Tiburón*).

---

92 Ver Imagen 5.

93 «Steven Spielberg: 30 años de encuentros». Documental incluido en el Blu-ray *Encuentros en la tercera fase. Edición definitiva 30 aniversario*. Madrid, Sony Pictures Home Entertainment, 2007.

La elección del director François Truffaut para interpretar el papel de Lacombe está relacionada con esta característica, según Spielberg: «Truffaut era como un niño adulto porque estaba en contacto con las cosas que hacen a los niños eternamente optimistas.»[94]

Lacombe es, además, la primera figura de autoridad masculina que es retratada de forma positiva en la película, un adulto que comparte la fe de Roy, que aún conserva algo de niño en su interior. Anticipa en cierta manera el personaje de Peter Coyote en *E.T.*

Y si partimos de que el propio Spielberg se reconoce en Roy Neary, no es de extrañar que para interpretar a esta especie de versión idealizada de sí mismo eligiera a un colega director de cine, un ejemplo que admira. Ya vimos antes que en unas declaraciones Spielberg asociaba el cine a la fantasía infantil, y que además utiliza una película, *Pinocho*, como símbolo de ello. No cabe duda de que Spielberg vive sus sueños a través del cine. Por lo tanto, podríamos considerar que la película tiene una cierta capa metalingüística o reflexiva sobre el propio medio del cine:

> Una película que exalta la potencia del cine, el tipo de experiencia que solo puedes tener con una película, las herramientas por las que un cineasta puede emocionar, involucrar y provocar a su audiencia. Y así, se convierte en una película sobre las películas, y sobre el hacer películas. [...] Cuando, en el clímax del film, Truffaut comanda enormes recursos humanos y técnicos, gritando *«Plus vite!»* y *«Allez!»* mientras se mueve de un lado a otro agitando sus brazos, él es, en toda la intención y propósito, un director controlando un set, el más grande de la historia del cine.[95]

Y al igual que los extraterrestres, el cine se sirve de la luz y la música como medios para comunicar. El propio director es el artífice de dicha comunicación, aunque permanezca literalmente fuera de campo, que utiliza recursos maravillosos para asustarnos, maravillarnos y, en último término, transformarnos.

94 Ibídem.
95 Greenfield, P. Op. cit. pp. 27-32.

De hecho, el tema de la comunicación es muy importante en *Encuentros*. Como hemos visto, la película comienza con una mezcla de tres idiomas distintos, con un traductor de por medio. En la escena de la India hay otro traductor para los nativos. Uno de los protagonistas, Lacombe, tiene problemas de comunicación por ser francés. En el hogar de los Neary, ocurren varias conversaciones a la vez sin que nadie se entienda. Incluso en una escena, Roy pregunta a su mujer sobre la forma del monte que ve constantemente, y ella le responde hablando de un tema totalmente distinto, como si hablaran en diferentes idiomas. Finalmente, el medio para comunicar con los alienígenas es el tema musical de cinco notas que transmiten a los contactados, combinado con un juego de luces. En el momento final, Lacombe también intercambia unos gestos manuales con uno de los visitantes. Barry y los extraterrestres comparten la cualidad de poder comunicarse sin apenas palabras, a diferencia de los adultos. En todo el tramo final, cuando por fin los adultos entran en contacto con los alienígenas (y se vuelven en cierta manera niños como Barry), apenas hay diálogos. La imagen y la música toman el protagonismo.

Hablando retrospectivamente, Spielberg asociaba este tema con el momento histórico en que surgió la película:

> De alguna manera sentía que con la guerra fría y que los rusos no hablaran con los americanos, y con el Watergate y Nixon a punto de ser imputado, parecía haber un inmenso abismo de comunicación. *Encuentros* fue mi primer intento de mandar el mensaje de que si podemos comunicarnos con aliens, entonces por qué no vamos a poder comunicarnos entre nosotros. Para mí, es una de las películas más esperanzadoras que he escrito y dirigido.[96]

Y como punto culminante de un relato que nos invita a ejercitar la fantasía y creer en lo que no vemos, otra gran omisión ocurre al final cuando Roy sube a la nave y, en vez de que la cámara nos muestre el interior de la misma, nos desvele el misterio,

[96] Schickel, R. Op. cit. p. 60.

nos quedamos en tierra con Lacombe. La importancia de esta decisión queda de manifiesto cuando en 1980, Spielberg quiere estrenar un montaje distinto de *Encuentros en la tercera fase*, y Columbia Pictures le pone como condición rodar una escena en el interior de la nave para añadirla al final y usarla como reclamo publicitario. El director aceptó de mala gana, y de hecho en un montaje posterior la volvió a retirar. Así explica lo importante que es mantener esa parte oculta al espectador: «No quería mostrarlo. Me parecía que el interior de esa nave nodriza era propiedad exclusiva del público de todo el mundo».[97] Es decir, cada persona puede imaginar el interior como quiera. El estilo elíptico de Spielberg nos empuja a imaginar, a ser niños de nuevo en cierta medida.

6.2. El estilo Spielberg en *Encuentros en la tercera fase*

Al igual que en *El diablo sobre ruedas* y en *Tiburón*, en *Encuentros en la tercera fase* existe la ocultación de un elemento esencial hasta el final de la película: en este caso, los extraterrestres que visitan la Tierra. Pasamos a explicar algunas de las secuencias más interesantes:

-Presencia extraterrestre a través del efecto que producen en el cuarto de Barry: se mueven las cortinas. Barry se despierta: sus juguetes se ponen en marcha solos: cochecitos moviéndose, tocadiscos sonando, muñecos a pilas bailando… Barry se levanta y se dirige hacia las escaleras, sobre las que se ve reflejada una luz de algo que está en el piso de abajo y se mueve.

El uso de este tipo de fuera de campo en esta escena es muy pertinente, pues es el primer contacto entre los extraterrestres y el niño Barry, creando un entorno mágico, adecuado a la asociación de la infancia y los alienígenas como seres sobrenaturales, usando además como instrumentos los objetos relacionados con los niños, los juguetes:

97 «Steven Spielberg: 30 años de encuentros». Documental citado.

> Los extraterrestres intentan llamar la atención de Barry provocando una auténtica explosión de maravillas: todos los juguetes de su cuarto cobran vida de repente.[...] Una habitación infantil es un micromundo donde la imaginación y la mente de los pequeños, siempre en plena sintonía con lo fantástico, se expande a su gusto en juegos y aventuras que unen realidad y ficción en un solo concepto. [...] Steven Spielberg entiende que ese poder creador que solo se ha otorgado a los pequeños encierra dentro de sí una suerte de energía mágica, sobrenatural.[98]

-Primer encuentro de Barry con los extraterrestres, a los que no vemos: el niño llega a la cocina y ve los efectos de la visita de los extraterrestres: la nevera abierta, una lata de refresco volcada y derramándose, un montón de comida esparcida por el suelo, haciendo un rastro hasta la gatera de la puerta, que aún está moviéndose.

De repente Barry ve algo y se queda parado. Sólo vemos un primer plano del niño, mirando a ambos lados, mientras suenan unos extraños ruidos. Barry reacciona sonriendo. Como ya se ha explicado, llama mucho la atención la naturalidad con la que el pequeño reacciona ante las criaturas. El hecho de que no las veamos enfatiza aún más esa reacción, que nuevamente es lo importante de la escena.

-En la siguiente secuencia, se relaciona sutilmente a los extraterrestres con Roy. Al igual que a ellos, se nos presenta al personaje a través de unos juguetes que hace mover (propiciando la conexión de su espíritu infantil con el de los alienígenas): el tren eléctrico que hace descarrilar y un juguete giratorio de Pinocho, que emite la melodía de la canción *When you wish upon a star*. Como hemos visto, esta canción se relaciona también con los temas principales de la película y con el personaje de Roy.

-Roy en su camioneta, parado frente a un paso a nivel de las vías del tren. En un momento anterior hemos visto unas luces acercarse por detrás, y luego se revelaba que era otro coche que lo adelantaba. Spielberg usa ese precedente para engañarnos: se ven unas luces llegar por detrás, y Roy, que mira distraído su mapa, le hace la señal de que lo adelante, asumiendo que es otro coche. En vez de pasar al lado, las luces se elevan al cielo.

98 Sánchez-Escalonilla, A. Op. cit. pp. 76-77.

Roy despliega otro mapa frente a cámara, quedando así su rostro oculto al espectador. Es entonces cuando suena un fuerte ruido. El espectador está impaciente por ver la expresión de Roy, que baja ligeramente el mapa, dejando ver sus ojos. El sonido procede de unos buzones al lado de las vías, que se mueven violentamente y empiezan a abrirse. Se apaga el flexo del interior del coche, y una fuerte luz que llega de lo alto (sin que nos enseñen la fuente) empieza a brillar.[99] Roy se asoma, pero solo acierta a distinguir unos flashes rojizos, que le marcan la cara. El paso a nivel empieza a subir y bajar, con el sonido de la campana y las luces. Las monedas y otros objetos del interior del coche empiezan a flotar, se abre la guantera y el cenicero, se enciende la radio, las agujas del cuenta kilómetros enloquecen. Todo se detiene de golpe, la luz se apaga. Roy mira fuera de campo hacia el cielo. Sólo ve unas potentes luces.

Es significativo que Spielberg use un recurso similar al del primer encuentro de los alienígenas con Barry, solo que en esta ocasión los objetos animados no son juguetes sino instrumental de adultos, y la reacción de Roy contrasta con la de Barry: «Neary se asusta porque su naturaleza de adulto le obliga a comportarse con desconfianza y temor ante lo desconocido. Minutos antes, Barry se divertía durante su experiencia con los alienígenas.»[100] Sin embargo, la experiencia le transforma y le hace recuperar las esencias de su niñez.

-En la carretera, Roy espera el paso del ovni junto a un padre con su familia. De repente empieza a soplar un viento, el padre se levanta y fija la mirada al frente, hacia fuera de campo. Sus hijos se levantan también, mirando extasiados. Después pasa el ovni. Este tipo de planos en que se crea una expectación hacia un objeto fuera de campo a partir de la mirada de un personaje han resultado ser muy recurrentes en la filmografía de Spielberg.

Esta imagen de un padre contemplando el cielo en plena noche con sus hijos puede remitir al hecho de la infancia de Spielberg ya referido, cuando su padre lo sacó de la cama en plena noche para

---

99 Ver Imagen 4.

100 Sánchez-Escalonilla, A. Op. cit. p. 90.

salir a contemplar una lluvia de estrellas. El director siempre ha reconocido que aquel recuerdo pudo haber marcado su interés por la ciencia-ficción.

-Frontera entre los dos estados, un guardia duerme en la garita. De repente, se suben las barreras solas, y el guardia se despierta. Se encienden las luces, suena la campana. Es el anticipo del paso del ovni. Al mismo tiempo, la inutilidad de la frontera puede entenderse como una imagen temática:

> Una oposición similar ocurre en el film entre la creación de barreras y la destrucción de barreras. A Ronnie le preocupa la territorialidad: se queja de que las cosas de Roy estén sobre su mesa del desayuno. [...] las autoridades erigen barreras para alejar a la gente de la Torre del Diablo; Roy ignora sus obstáculos, conduciendo en contra del tráfico o chocando contra los bloqueos de carreteras. Él está inspirado o empujado por los alienígenas, que representan la exhilarante disolución de todas las barreras.[101]

-Un amplio número de personas esperando en la carretera. Comienza la expectativa de que viene un ovni: Se levanta un fuerte viento, con polvo. El aire hace que se vuelen las cartas que estaban sobre una mesa, y el mantel. Se ve una luz. Finalmente, resulta ser un helicóptero. Gracias al modo de narrar mostrando primero los efectos, se consigue este momento de engaño al espectador. La sorpresa también provoca que exista una connotación negativa y ominosa en la presentación de las autoridades, que vienen a representar lo peor del mundo adulto, lo opuesto a la magia infantil.

-Asedio de los extraterrestres a la casa de Jillian y Barry, sin que se nos lleguen a mostrar ni los alienígenas ni las naves, solo sus efectos: una luz naranja se filtra por el ojo de la cerradura. Barry se acerca y abre la puerta, mirando hacia un punto fuera de campo. Sólo vemos una intensa luz naranja. Jillian recoge a su hijo y cierra la puerta.

Empiezan a sonar pisadas en el tejado, haciendo mover la lámpara.

Caen unos trozos de hollín por la chimenea, y empieza a brillar una luz a través de ella. Plano subjetivo desde dentro de la chimenea, alguien bajando (similar a los usados en *Tiburón*); Jillian la cierra.

---

[101] Gordon, A. Op. cit. p. 69.

Se abre la persiana y entra por la ventana una fuerte luz blanca. Se enciende el tocadiscos, se levanta la alfombra, dejando al descubierto un respiradero. Los tornillos del mismo empiezan a desenroscarse, hasta que el respiradero sale volando, saliendo luz y humo desde debajo. El piano se mueve solo, se encienden la aspiradora y el televisor.

Jillian, con Barry en brazos, entra en la cocina. Se desprenden los conductos de ventilación, se abren la nevera, el lavavajillas y el horno. A través de una ventana se ven unas luces que se mueven. Vuelan unos cuchillos. Barry es absorbido a través de la gatera, a pesar de que su madre intenta sujetarlo por las piernas. Una vez desaparece el niño, los fenómenos se detienen.

7. *E.T. EL EXTRATERRESTRE*: EL REINO DE LA INFANCIA

Título original: *E.T. the Extra-Terrestrial.*
Año: 1982.
Intérpretes: Henry Thomas (Elliott), Dee Wallace (Mary), Robert MacNaughton (Michael), Drew Barrymore (Gertie), Peter Coyote (Keys).
Sinopsis: Una nave extraterrestre aterriza en un bosque cercano a Los Ángeles. Sus tripulantes salen a recoger muestras biológicas. Llegan unos misteriosos hombres, y los extraterrestres se marchan apresuradamente, dejando a uno de ellos en tierra. Este se dirige hacia un barrio residencial.

En dicho barrio, Elliott está en su casa con su madre, su hermana Gertie, su hermano Michael y los amigos de este. Elliott sale a recoger unas pizzas y escucha un ruido en el cobertizo, comprobando que hay una criatura extraña en él. Su madre y su hermano piensan que es un coyote. Una vez en casa, Elliott recuerda a su padre, que después de divorciarse se fue a México con su secretaria.

Elliott sale a buscar a la criatura, y se encuentra de frente con E.T. Ambos se asustan. La noche siguiente, Elliott deja un rastro de caramelos para guiar al ser a su casa. Lo lleva a su dormitorio, donde ambos se comunican, y se produce una gran conexión. Mientras, los misteriosos hombres rastrean alrededor del barrio de Elliott.

Al día siguiente, Elliott se finge enfermo para estar con E.T. Al volver sus hermanos del colegio, Elliott les enseña al ser, y les obliga a prometer que no dirán nada sobre ello.
E.T. crea un vínculo de amistad cada vez más fuerte con los tres niños, en especial con Elliott, que empieza a notar que siente telepáticamente lo mismo que el extraterrestre. Este aprende a decir algunas palabras, y le pide ayuda a Elliott para construir un comunicador con el que llamar a sus congéneres y poder volver a su planeta. El niño consigue todo lo necesario, pero ya ha sido descubierto por los siniestros hombres que buscan al alienígena.
En la noche de Halloween, Elliott y E.T. van al bosque para poner en marcha el comunicador, y el niño le pide que no se vaya. Los dos se quedan dormidos, y al despertar, Elliott se ve solo. Regresa a casa enfermo, mientras Michael sale a buscar a E.T. Finalmente lo encuentra, gravemente enfermo, y lo lleva a casa. Allí, los niños le cuentan finalmente a su madre el secreto. Ella intenta huir, pero la casa es invadida por hombres de la NASA. Elliott y E.T., enfermos, son tratados de forma conjunta, pero el alienígena parece morir mientras el niño se recupera.
Sin embargo, Elliott descubre que E.T. está vivo, y con la ayuda de sus hermanos y sus amigos, se lo lleva, perseguido por las autoridades.
Finalmente llegan al bosque, donde aterriza la nave espacial. E.T. se marcha en medio de una emotiva despedida, no sin antes prometer que volverá algún día.

7.1. Implicaciones temáticas

Para empezar a entender qué quiere contar *E.T.*, cuáles son sus temas principales, debemos remitirnos a las palabras del propio Spielberg: «Siempre quise contar la historia de la reacción de un niño de tan solo diez años ante la separación de sus padres, y de cómo le afectaría el resto de su vida».[102]

[102] *Notas de producción*. Folleto adjunto al DVD *E.T. El extraterrestre. Edición coleccionista*. Madrid, Universal Pictures Iberia, 2002.

Seguramente si preguntáramos a cualquier espectador qué cree que cuenta *E.T.*, diría que trata sobre un extraterrestre. Resulta, por tanto, curioso este cambio de perspectiva: para Spielberg es una película sobre un niño que vive la separación de sus padres. Y en sus palabras encontramos la primera clave: la palabra «reacción». Es decir, el director no estaba interesado en contar detalladamente en qué consiste una separación (rechazó unos años antes, de hecho, dirigir *Kramer contra Kramer*). Lo que quería era centrarse en las emociones que surgen de esa separación, la «reacción» humana. En definitiva, quiere centrarse en los personajes, en especial en Elliott. Ese modo indirecto de contar las cosas, en el que los efectos destacan sobre las causas, ayuda al espectador a centrarse en lo que siente el personaje cuando pasa algo, en vez de centrarse en el acontecimiento en sí: «Los sucesos maravillosos y acontecimientos destacables en las películas de Spielberg tienen en última instancia consecuencias humanas.»[103]

El origen de la película nos da más pista sobre el auténtico foco de interés para su autor. En 1978 hablaba sobre el proyecto, que en aquel momento se iba a titular *After School*:

«(Será) una película sobre el mundo de los niños. Se titulará *After School*. Como yo también he sido niño, relataré algunos de mis recuerdos, desde que salía de clase hasta que llegaba a mi hogar.»[104]

Resulta muy curioso que, en este momento embrionario, la película aún no contenía el elemento fantástico extraterrestre, pero Spielberg ya se delata al declarar que la basará en sus recuerdos.

Es posible que la idea de mezclar *After School* con el elemento fantástico le surgiera al leer un guion que le ofrecieron en aquel momento: *Night Skies*, de John Sayles. En él se relataba en clave de terror el asedio de un grupo de extraterrestres a una familia en su casa rural [curiosamente, un argumento prácticamente igual que el de la película *Señales* (*Signs*, 2002), realizada por un director tan influido por Spielberg como es M. Night Shyamalan]. A Spielberg

---

103 Friedman, L. Op. cit. p. 28.

104 «Steven Spielberg, director de *Tiburón*, en Madrid». Entrevista con Steven Spielberg, *Pueblo*, 18 de febrero de 1978.

no le interesó el tono de la película, pero sí el final de la historia, en el que uno de los extraterrestres no subía a tiempo a la nave espacial y se quedaba atrapado en la tierra. Así, mientras rodaba en Túnez *En busca del arca perdida* en 1980, se le ocurrió la idea de unir *After School* con la historia de un extraterrestre abandonado a su suerte en nuestro planeta:

> Me sentía un tanto distanciado de mí mismo, cosa que a menudo sucede cuando estás dirigiendo. Y en ese momento, ¡BANG!... se me ocurrió la idea. De repente, la historia de *E.T.* me fue inundando la cabeza y durante los dos días siguientes, adquirió toda su forma, con un principio, un desarrollo y un final.[105]

El director le contó su historia a la guionista Melissa Mathison (que estaba visitando a su novio Harrison Ford, protagonista de *En busca del arca perdida*). Sin embargo, el extraterrestre que imaginaba Spielberg tenía muy poco en común con los terroríficos diablillos del guion *Night Skies*. Su visión benigna de la vida interplanetaria la conecta el autor, curiosamente, con recuerdos de su padre:

> Mi padre era muy aficionado a la ciencia-ficción y los libros que leía, por lo general, trataban de alienígenas aterradores que intentaban apoderarse del mundo. Sin embargo, mi padre solía decirme que si los extraterrestres tuvieran la capacidad tecnológica para viajar distancias de miles de años luz para llegar desde su planeta al nuestro, no podía imaginar que lo hicieran con el propósito de agredir o dominar el universo. Si se diera el caso, lo harían movidos por la curiosidad y por el deseo de compartir sus conocimientos con otros sistemas planetarios y otras especies que tal vez no estuvieran tan avanzadas.[106]

Es muy significativo que, a pesar de introducir ya el elemento fantástico en la historia, Mathison titulara el guion (escrito bajo las indicaciones de Spielberg) *A Boy's Life*, título que conservó durante el rodaje. Esto demuestra que el auténtico núcleo narrativo de *E.T. El extraterrestre* (que solo se tituló así una vez que los encargados de marketing del estudio Universal insistieron en subrayar el elemento fantástico) es la historia de un chico y su circunstancia familiar.

---

105 *Notas de producción*. Folleto citado.
106 Ibídem.

De hecho, la película está marcada por una ausencia: la del padre de Elliott. Es un ausente cuya huella impregna todo el film. Y ya en el modo de plantear ese tema principal, se marca el estilo narrativo del film: vemos el efecto (la tristeza de Elliott, la situación familiar), pero no la causa (la marcha del padre, acontecida antes del arranque de la película).

Volvamos a las palabras de Spielberg sobre *E.T.*, en que nuevamente se remite a su infancia (y en concreto a la experiencia del divorcio de sus padres) como caldo de cultivo para la película: «Pienso que *E.T.* es una fantasía que de niño creé en mi subconsciente para no sentirme tan solo. Durante la infancia solía soñar con la llegada de un amigo especial que rescataba a un niño de la tristeza del divorcio».[107] Y en otra entrevista añade: «Mis deseos incluían el tener un amigo que pudiera ser a la vez el hermano que nunca tuve y el padre que sentía que ya no tenía».[108]

Aquí tenemos el segundo elemento de importancia: la fantasía infantil. Una fantasía, además, que va unida al tema del divorcio. Una vía de escape para la tristeza. Así, E.T. representa para Elliott un visitante de un mundo de fantasía, que le ayudará a salir de su situación de tristeza.

La ambientación suburbana de *E.T.* la asocia con dos películas del director muy cercanas en el tiempo: *Encuentros en la tercera fase* (1977) y *Poltergeist* (1982) (sobre esta última, firmada por el director Tobe Hooper, parece existir el consenso general de que el productor Spielberg asumió en parte labores de dirección, y dejó su sello de forma clara). El autor Andrew Gordon bautiza a este grupo de películas como la «trilogía suburbana» de Spielberg.[109] En efecto, la ambientación en estos tres filmes es muy similar: barrios residenciales suburbanos, la clase media americana. El ambiente, en definitiva, en que se crió Spielberg. En las tres el elemento fantástico (misterioso en *Encuentros en la tercera fase*, mágico y sanador en *E.T.*, terrorífico en *Poltergeist*, como

107 Ibídem.

108 McBride, J. Op. cit. p. 72.

109 Gordon, A. Op. cit. p. 75.

apunta Gordon[110]) irrumpe en medio de ese entorno. Pero el realismo costumbrista ayuda a hacer creíbles las historias y a identificar al espectador con los protagonistas.

Pero además de en esta trilogía, el esquema de introducir un elemento fantástico o asombroso en un entorno real está presente, como recuerda Sánchez-Escalonilla, en buena parte del cine de Spielberg: *El diablo sobre ruedas*, *Tiburón*, *La guerra de los mundos*…

Marcial Cantero añade un matiz más poético: «Deseo manifiesto por la fantasía, por la evocación de un mundo que, conviviendo con la realidad, se mueve en unos parámetros donde el principio imperecedero de los sueños se sustenta sobre los frágiles pilares de la irrealidad vital».[111]

Hay que destacar la palabra «evocación». La idea de que ese mundo fantástico está latente (presente pero no visible) en la realidad se transmite gracias a ese estilo visual y narrativo basado en la ocultación y la sugerencia.

Pero en esa realidad suburbana de *E.T.* hay una barrera insalvable entre el mundo infantil y el mundo adulto. Como veremos, el mundo de los mayores es mostrado visualmente como una amenaza, uniforme y gris. El mundo de los niños, en cambio, está situado en el reino de la fantasía, donde la luz de la película se vuelve cálida, y los colores afloran. Spielberg quiere que el espectador se identifique con los niños, ya desde el recurso visual de poner la cámara desde un punto de vista muy bajo durante casi todo el metraje: «Quise ver la película desde el punto de vista de los niños. Quise volverme niño al hacer la película y no un adulto hablándole [*sic*] a los niños. Quise ver toda la historia a través de los ojos de un niño.»[112]

E.T. es la personificación de la infancia, y con ella, de la fantasía y la imaginación infantil. Esta identificación parece reafirmarse en el final de la película, cuando frente a la nave, E.T. le dice a Elliott «estaré aquí mismo». Esa frase tiene un doble significado: por un

110 Ibídem, p. 81.
111 Cantero, M. Op. cit. p. 25.
112 Caldevilla, D. Op. cit. p. 108.

lado, en un nivel puramente argumental, es la promesa de una segunda venida, de un reencuentro (y de hecho muchos espectadores la entendían como una puerta abierta a una secuela que Spielberg siempre ha rechazado realizar). Por otro lado, en un sentido más profundo, resulta muy curioso que mientras dice la frase, E.T. toca con su dedo iluminado la frente de Elliott. Es entonces cuando se revela ese otro significado: la infancia vivirá siempre en la mente de Elliott, mientras conserve su imaginación. Ese «estaré aquí mismo» puede interpretarse entonces no como una promesa de regreso, sino de permanencia. No es difícil relacionar esta cuestión con la forma de ser y de entender el cine de Spielberg. Recordemos una de sus frases ya citada: «Estoy dispuesto a ser adulto con la condición de conservar mi pasaporte de niño. Si lo perdiera, no podría hacer cine.»[113]

En este sentido, hay que recordar que el personaje de «Keys» acaba convirtiéndose en un reflejo adulto de Elliott (y por lo tanto del mismo Spielberg). Hacia el final de la película, el implacable perseguidor de E.T. le revela a Elliott que su obsesión empezó también en la infancia. Cuando los científicos invaden el hogar del pequeño e intuban al extraterrestre, Elliott intenta que lo dejen en paz diciéndoles:

—Él vino a mí.

Keys le responde:

—Elliott, él vino a mí también. He deseado esto desde que tenía diez años. No quiero que muera.

En este caso, la falta de información sobre el personaje hace que funcione durante tres cuartos de película como el antagonista, un malvado hombre sin rostro que persigue a E.T. y espía a la familia de Elliott. Después de esa revelación sobre su pasado, pasa a convertirse en una especie de versión adulta de Elliott, alguien que entiende sus motivaciones. Esta identificación se expresa visualmente en la

113 Sánchez-Escalonilla, A. Op. cit. p. 9.

secuencia que contiene el diálogo referido anteriormente, con un primer plano de Keys sobre cuyo rostro, enfundado en un casco de cristal, se refleja Elliott. Spielberg permite incluso al personaje asistir al clímax en el bosque, con la despedida entre el niño y el extraterrestre. Sin embargo, aunque les une un interés común, hay una diferencia fundamental, señalada por Sánchez-Escalonilla:

> Keys representa realmente el papel de un Steven Spielberg adulto, que también busca desesperadamente a E.T. y no consigue encontrarlo. Esta búsqueda contrasta con la situación de Elliott: el niño no debe realizar ningún esfuerzo para atrapar al alienígena, porque E.T. ha aparecido en el jardín de su casa por su propio pie.[114]

Es decir, el niño no tiene que esforzarse por encontrar el espíritu infantil porque le viene de forma natural. Los adultos, en cambio, lo pueden buscar con todas sus fuerzas y aún así no encontrarlo.

No en vano, en la secuencia en la que Elliott muestra a E.T. a sus hermanos, le dice a Gertie que los adultos no lo pueden ver, solo los niños. Aunque Elliott lo dice para mantener silenciada a su hermana, Spielberg parece querer darle la razón: en la escena en la que Elliott se finge enfermo, su madre entra en el armario sin percibir la presencia de E.T. En otra secuencia en la cocina, la madre vuelve de la calle, imbuida en sus rutinas de la vida adulta, y no ve a E.T. aunque éste se pasea abiertamente frente a ella. Del mismo modo, cuando en Halloween disfrazan a E.T. con una sábana de fantasma, logran que Mary crea que se trata de su hija Gertie. En otra secuencia, escucha un ruido en el cuarto de su hijo, y nuevamente abre el armario. En una panorámica desde el punto de vista de Mary, Spielberg nos muestra todos los muñecos y peluches, entre los que se ha situado E.T., totalmente inmóvil, y pasa desapercibido para Mary. Así pues, podríamos decir que incluso viéndolo con sus ojos de adulta, realmente no lo ha visto.

¿Cuál es la clave que separa el mundo de los niños del de los adultos? ¿Qué cualidad es la que hace que los pequeños puedan

---

114 Sánchez-Escalonilla, A. Op.cit. pp. 136-137.

ver a E.T. y hacerse sus amigos? La fe. Este es otro de los grandes temas de la película. Elliott cree en E.T. desde antes de verlo, y eso es lo que le permite encontrarlo y tener esa conexión tan estrecha que comparten.

La fe es lo que permite a los niños conectar con el mundo fantástico y a la vez permanecer en el real: son privilegiados que pueden transitar entre ambas dimensiones. De hecho, también en *Encuentros en la tercera fase* y *Poltergeist* son los niños los que tienen una comunicación más fluida con el otro mundo.

Este tema de la fe se hace explícito en la escena en la que Elliott se despide de E.T., que yace aparentemente muerto en la cámara de frío de la NASA: «Yo creeré en ti toda mi vida. Todos los días, E.T.» Justo al volverse tras esta declaración de fe, el corazón de E.T. empieza a brillar. Al igual que su enfermedad y su muerte, su resurrección no se explica en ningún momento de la película.

Antonio Sánchez-Escalonilla destaca acertadamente que es la fe de Elliott lo que resucita a E.T., frente a otros críticos que defienden que es el amor del niño lo que le salva.[115] Recuerda el investigador a este propósito la secuencia en la que la madre lee un fragmento de *Peter Pan* a Gertie, mientras E.T. y Elliott se esconden en el armario. El fragmento concreto de la obra de Barrie que lee Mary es en el que el hada Campanilla está a punto de morir envenenada:

> *—¡Dice que cree que podría curarse si los niños creyeran en las hadas! Peter se levantó y abrió los brazos, no sabía hacía quién, tal vez a los niños y niñas que no eran como él. ¿Crees en las hadas? ¡Di rápido que crees!*

En ese momento, Gertie grita:

—¡Creo!

Su madre continúa:

—Si crees, bate palmas.

115 Sánchez-Escalonilla, A. Op. cit. pp. 154-157.

La niña da palmadas con todas sus fuerzas.

Como dice Sánchez-Escalonilla, en la obra de Barrie también existe la conexión entre la existencia (y supervivencia) de los personajes fantásticos y la fe de los niños: «Conviene recordar que Peter Pan ya había anticipado a Wendy que, cada vez que un niño dice: *No creo en las hadas*, un hada cae muerta en algún lugar. La fe de los niños es, pues, vital para sostener la existencia de los seres de fantasía.»[116]

No olvidemos cómo está rodada esta secuencia, con la sombra de Mary y Gertie sobre el armario en que se ocultan E.T. y Elliott, que paralelamente a la narración de *Peter Pan* viven su propio hecho prodigioso: E.T. cura con un toque de su dedo (iluminado) un corte que Elliott se ha hecho con una sierra. Uno de los momentos más emblemáticos de la cinta (no en vano inspiró el cartel de la misma).

Volviendo a la muerte y resurrección de E.T., el propio Spielberg refresca el recuerdo de la lectura de Peter Pan al incluir este diálogo entre Mary y Gertie tras el fallecimiento del extraño ser:

> —¿Está muerto, mamá?
> —Creo que sí, tesoro.
> —¿Podemos desear que vuelva?
> —Sí.
> —Lo deseo.

Sánchez-Escalonilla resalta cómo esta última frase de Gertie expresa más una formulación eficaz para que se cumpla la vuelta de E.T. que un deseo imposible:

> Cuando la hermana de Elliott expresa este anhelo, Gertie cree que podrá hacerse realidad. En Gertie cabe la esperanza de recobrar a E.T. y expresa las palabras *lo deseo* como una fórmula mágica que devolverá la felicidad a todos, no como un simple anhelo desesperado que nunca podrá realizarse. Esta última hubiera sido la reacción lógica de un adulto.[117]

---

[116] Sánchez-Escalonilla, A. Op. cit. p. 155.
[117] Ibídem, p. 157.

Así pues, si admitimos que la fe es un elemento temático esencial en la película, ¿no es la ocultación y el fuera de campo un recurso ideal para narrarlo? La fe consiste en creer en algo que no se ve, algo que se hace presente sin ser visible.

Pensemos en el plano de la cocina en el que Elliott, tras ver a su madre llorar, mira desde la ventana hacia la noche estrellada. Elliott es un niño triste que busca escapar de la realidad. La cámara, desde fuera de la casa, se eleva (movimiento subrayado por el vapor del agua caliente del fregadero, que asciende frente al rostro de Elliott), sugiriendo que la imaginación del niño le ayuda a evadirse de su triste entorno. Este recurso de compaginar un movimiento externo (de cámara) con un movimiento interno (de un personaje u objeto dentro del plano, en este caso el vapor) se ha convertido en una seña de identidad visual del cine de Spielberg.

Esa mirada de Elliott crea un espacio fuera de campo tanto real como simbólico: es sin duda una llamada de auxilio, pero no desesperada, sino con fe, con la esperanza de saber que hay algo o alguien que pueden sacarle de su tristeza. Así lo ve también Neil Sinyard: «Para Elliott, la aparición de E.T. es un deseo cumplido, la respuesta a una oración.»[118] Recordemos también cómo en *Encuentros en la tercera fase,* Roy Neary tiene el primer encuentro con un ovni después de decir en alto «estoy perdido».

Como vemos en esta última cita, el tema de la fe podría abrir la puerta al de la religión. No pocos autores han llamado la atención sobre similitudes entre la historia de E.T. y la de Jesucristo (ser que llega a la Tierra para hacer el bien, realiza milagros, es perseguido, muere y resucita):

> Como el Niño Dios, es pequeño e indefenso, aunque paradójicamente enormemente poderoso. Como un dios, desciende a la Tierra de los cielos y se mezcla con los hijos de los hombres, arriesgando su vida para ayudarles. Elliott lo descubre en un cobertizo trasero que se asemeja a un pesebre. E.T. es incomprendido, perseguido, capturado, atormentado, muere y renace. Asociados con su divinidad están sus inexplicables poderes físicos [...] el más asombroso de todos, el poder

118 Sinyard, N. *The Films of Steven Spielberg*. Londres, Bison Books Ltd., 1987, p. 79.

de resurrección como Cristo: devuelve la vida a las flores muertas y después a sí mismo. Además, como una deidad, E.T. tiene una instintiva predilección por los niños, y los adultos se deben hacer como niños pequeños para comprenderle y amarle. Con la luz de su corazón y su dedo mágico, E.T. representa la divinidad como creador y sanador. Al final, ha sanado el hogar roto de Elliott, unido a los niños de un fragmentado barrio suburbano en su cruzada para salvarle, y unido a los científicos y personas comunes, adultos y niños, en un asombro común ante una milagrosa criatura más allá de su entendimiento. La película funde así el cuento de hadas con la fábula religiosa.[119]

A todos esos datos podemos añadir que E.T. muere poco después de las tres de la tarde, como hace constar uno de los médicos que lo ha atendido.

Es cierto que E.T. no transmite un mensaje mesiánico específico (aunque al final de la película dice a Gertie «sed buenos» y a Elliott «estaré aquí mismo», como promesa de una segunda venida), pero estamos hablando de conexiones narrativas y visuales. El propio cartel de la película, con los dedos de E.T. y Elliott tocándose, remite a la imagen de Dios y Adán en la cúpula de la Capilla Sixtina. La imagen de E.T. resucitado, tal como se presenta en la trasera de la furgoneta a los amigos de Mike (envuelto en una toalla a modo de túnica blanca radiante, con el corazón brillando en rojo, con los brazos extendidos, envuelto en un misterioso humo), también puede recordar a algunos iconos cristianos. Incluso el nombre de la madre de Elliott, que se convierte sin saberlo en madre adoptiva de E.T., es Mary (María en inglés). Sin embargo, hay que hacer notar que Spielberg se crió en una familia judía, con lo cual si hay referencias cristianas deberíamos entender más bien que pueden proceder de su experiencia cultural como adulto, o quizás proceden del guión de Melissa Mathison (aunque visualmente el director subraya la analogía).

En cualquier caso, Spielberg sí es un director que se plantea asuntos religiosos, como nos recuerda Marcial Cantero: «Manifiesta preocupación por Dios, por el más allá, por el viaje hacia lo desconocido y por la presencia de Dios y sus obras. El contacto

119 Gordon, A. Op. cit. p. 84.

con Dios, la señal que pruebe al hombre la existencia de un ser superior, es el continuo anhelo de su obra.»[120]

La presencia de Dios y sus obras, ¿cómo mostrar cinematográficamente algo así mejor que con la elipsis? Sin duda, la profusión de dicho recurso en el cine de Spielberg puede tener mucho que ver con ese interés por lo trascendente.

De hecho, si salvamos las distancias, podríamos llegar a comparar la resurrección de E.T. gracias a la fe de Elliott con la de la joven Inger de *Ordet: La palabra* (*Ordet*, 1955), de Carl Theodor Dreyer, considerado uno de los mejores momentos religiosos de la Historia del Cine. En la cinta danesa, la resurrección de la joven se produce también a través de la fe de su pequeña hija.

Aunque Spielberg nunca se ha pronunciado sobre estas posibles lecturas religiosas, sí que habla de una buscada dimensión espiritual en la historia: «Para mí, *E.T.* es la película más espiritual que he hecho, y eso no fue por accidente. Era algo que siempre sentí profundamente.»[121]

Llega el momento de analizar el rasgo más llamativo en el estilo visual de *E.T.*: la ocultación de los rostros de los personajes adultos durante gran parte de la película (hasta la muerte de E.T., concretamente). Con una excepción, ya mencionada: el personaje de Mary, la madre de Elliott.

Obviamente, esta decisión es consciente por parte de Spielberg, pues sería demasiado casual que hubiera rodado así todas esas secuencias por puro instinto. El propio cineasta lo reconoce en una entrevista:

> Era muy importante para mí que los adultos no formaran parte del mundo de los niños. Claramente, no tienen identidad hasta el momento crucial de la historia. Recuerdo los dibujos animados de la Warner Brothers y la Metro Goldwyn Mayer, de Chuck Jones, Fritz Freleng, Tex Avery, de todos los grandes dibujantes de los 40. A menudo elegían pequeños personajes —casi siempre gatos y perros—. Pero nunca se veía un adulto. Sólo podías ver sus piernas… ¡Pero nunca veías al personaje! Y me acordé de que, si un adulto profanaba el mundo de

120 Ibídem, p. 26.
121 Schickel, R. Op. cit. p. 89.

los dibujos animados, se cometía un terrible error. Entonces establecí un símil con aquello.[122]

Y queda clara la pertinencia narrativa de esta decisión: Spielberg quiere separar claramente el mundo adulto del infantil. El mundo de fantasía que representa E.T. está vedado a los ojos de los mayores, y por tanto Spielberg los convierte en presencias sin rostro, los deshumaniza en cierta manera.

Pero existe un problema respecto a esta explicación: para el espectador resulta muy llamativo que un personaje esté presente en plano, pero no se vea su rostro. Lejos de anular a esos personajes, en cierta manera se les hace más presentes, precisamente porque se convierten en presencias algo perturbadoras. Recordemos la idea de Noël Burch sobre este particular: «El hecho de que una parte importante del personaje permanezca en off hace que el espacio-fuera-de-campo [*sic*] esté más presente que cuando un personaje acaba de salir del todo.»[123]

La actriz Drew Barrymore revela una conversación con Spielberg en la que parece que este deseo de subrayar lo ausente es intencional: «Aún me cuenta cómo rodó a propósito a los adultos en ciertos encuadres o hacía a los padres y profesores ausentes de modo que apenas sentías su presencia, pero sentías más su ausencia.»[124]

A esto hay que añadir que todos los personajes cuyos rostros aparecen ocultos en la película son masculinos (Keys y sus hombres, el profesor de Elliott, el policía ante el que declara Mary, los científicos de la NASA y agentes del Gobierno...). Es posible que Spielberg, de forma consciente o subconsciente, esté retratando el panorama de su propia infancia: su padre solía estar ausente y acabó abandonando a su familia. Quizás Spielberg retrate en cada personaje adulto masculino a ese padre que, precisamente por su ausencia, se hacía presente. Una presencia sin rostro. Cada hombre adulto sin

---

122 Taylor, P. *Steven Spielberg: The Man, His Movies, and Their Meaning.* Nueva York, Continuum, 1994, p. 132.

123 Burch, N. *Praxis del cine*. Madrid, Ed. Fundamentos, 1970, p. 30.

124 *E.T. El extraterrestre*. Libreto adjunto al Blu-ray *E.T. El extraterrestre. Edición limitada*. Madrid, Universal Pictures Iberia, 2012.

rostro representaría así a ese padre de Elliott que se ha ido a México con su secretaria, haciendo tangible constantemente esa ausencia que marca al chico desde el inicio de la película. Andrew Gordon también ha observado esta diferenciación por género:

> De hecho, los adultos masculinos son los auténticos aliens en esta película, criaturas atemorizantes mostradas por lo general a nivel de la cintura, desde el punto de vista de un niño o un alienígena. Durante la mayor parte del film, no tienen rostro. Al líder de la partida se le identifica, como a un carcelero, por el enorme aro de llaves en su cinturón [...] Spielberg convierte al alienígena en estándar de humano y de lo humano, haciendo que la audiencia se identifique fuertemente con la criatura mientras convierte a los humanos adultos masculinos en los verdaderos Otros terroríficos.[125]

Hay que recordar en este momento lo personal que resulta para el director de Ohio esta película, que considera casi autobiográfica. Esto decía antes de iniciar el rodaje: «Voy a hacer una película sobre mi infancia. Se va a llamar *E.T.* Quizá gane un poco de dinero con ella porque va a tener una criatura extraterrestre, pero es tan personal que probablemente terminará en fracaso.»[126] Y años después aún manifestaba lo reveladora que es la película sobre su persona: «No me gusta decir cuál es mi película favorita de todas las que he hecho, (...) pero *E.T.* es la más personal.»[127]

Si él mismo considera *E.T.* una película sobre su infancia, no es descabellado suponer, pues, que una decisión tan radical como ocultar el rostro de los personajes adultos (masculinos) puede estar enraizada en sus propios recuerdos familiares.

Spielberg se ha sincerado en alguna ocasión respecto a su progenitor: «Mi padre creía en la filosofía de los años 50 de aportar algo a la comunidad con tu trabajo. Por eso nunca tuvo tiempo para mí y yo tuve que crearme mi universo particular.»[128]

---

125 Gordon, A. Op. cit. pp. 80-81.

126 Zárate, J. R. «Hollywood: La nueva ola», *Nuestro Tiempo*, abril de 1983, núm. 346, pp.102-104.

127 *Notas de producción*. Folleto citado.

128 Darnaude, I. «Entrevista con Steven Spielberg», *Magazine*, *El Mundo del Siglo XXI*, 22 de marzo de 1992, p. 14.

Resulta reveladora la conexión con el personaje de Elliott: él también se crea su universo particular, nada menos que una aventura con un amigo extraterrestre. En la película es real, por supuesto, pero E.T. representa la imaginación, el mundo propio de Spielberg que le ayudó a superar su situación familiar. De hecho, podríamos considerar varios signos que nos indican el carácter simbólico de E.T. como encarnación de las fantasías de Elliott: sobre todo, esa extraña conexión mental y emocional que experimentan los dos, y que no llega a explicarse en la película. También podríamos señalar que las letras E.T., además de usarse como siglas de la palabra «extraterrestre», son la primera y la última letra del nombre de Elliott.

Además, dada la condición de Elliott (y de Spielberg) como niño abandonado por su padre, encajan en el estudio del psiquiatra Wayne A. Myers, según el cual los compañeros imaginarios se crean en respuesta a «golpes narcisistas» como el «abandono de uno o ambos padres.»[129]

Antonio Sánchez-Escalonilla también nos recuerda que «ambos personajes son víctimas del mismo sufrimiento (la soledad y el abandono)».[130] Podríamos decir también que ambos han perdido su hogar y anhelan recuperarlo (uno volviendo a él y otro recomponiéndolo).

Se puede decir que los dos personajes están perdidos, añoran su hogar («mi casa») y buscan desesperadamente establecer contacto con los suyos («teléfono-mi casa»). El propio Spielberg se refiere a los dos personajes como «el alien y el alienado»[131].

La guionista Melissa Mathison ofrece otra clave:

> En los cuentos de hadas, los adultos no están presentes. Esto da a los niños la oportunidad de resolver sus propios problemas y tener su propia existencia. Esto también significa que E.T. se convierte, en cierta manera, en una figura paterna para Elliott.[132]

---

129 Myers, W. «Imaginary Companions, Fantasy Twins, Mirror Dreams and Depersonalization», *Psychoanalytic Quarterly*, 45, 1976, pp. 503-524.

130 Sánchez-Escalonilla, A. Op. cit. p. 139.

131 Schickel, R. Op. cit. p. 87.

132 Wuntch, P. «Henry and Melissa and Stephen and E.T.», *Dallas Morning News, Gainesville Sun*, 9 de julio de 1982, B2.

Esta lectura de E.T. como figura paterna es perfectamente compatible con las anteriores que hemos expuesto sobre el personaje: en cualquier tipo de arte narrativo, los símbolos y personajes no tienen por qué ser unívocos. La mente humana tiende a asociar varios significados a un mismo significante, al igual que ocurre en los sueños. Andrew Gordon, de hecho, afirma que el personaje de E.T. «es lo que los psicoanalistas llamarían una figura *sobredeterminada*. E.T. está cargado de significado psicológico tanto para Elliott como para la audiencia- lo que explica en gran medida el profundo impacto emocional del film.»[133]

Este aspecto ha levantado, incluso, el recelo de alguna investigadora feminista: «Cuando E.T. se pone una bata, bebe cerveza y mira la televisión, sustituye al padre perdido, y cuando escucha con Elliott mientras la madre lee un cuento a Gertie, completa el círculo familiar.»[134]

También Phyllis Deutsch, que desprecia la figura del extraterrestre diciendo que «cuando E.T. no es un engorroso infante, convirtiéndonos en madres a todos, es el otro reverso de la fantasía: el patriarca definitivo que ha llegado para arreglar la familia fracturada y restaurar el orden en el reino.»[135]

Por encima de estas interpretaciones algo tamizadas por la ideología de género, el carácter de E.T. como sustituto del padre es lógico: estamos ante una fábula en la cual un niño sin padre encuentra remedio a su tristeza en un amigo mágico. Que algunos críticos se sientan molestos porque Spielberg, a través de su experiencia personal, entienda que un niño necesita un padre, responde más a sus planteamientos ideológicos que a una intención aleccionadora por parte del director. Es más, la aventura se puede entender también como el primer paso de Elliott hacia la emancipación, hacia la superación de la ausencia de su padre. Incluso existen imágenes del film que pueden expresar simbólicamente esta idea:

---

133 Gordon, A. Op. cit. p. 85.

134 Heung, M. «Why E.T. Must Go Home: The New Family in American Cinema», *Journal of Popular Film and Television,* 11.2, 1983, pp. 79-85.

135 Deutsch, P. «E.T.: The Ultimate Patriarch», *Jump Cut,* n. 28, 1983, pp.12-13.

Aunque E.T. vuelve a la matriz (su nave), Elliott escapa de otra: se escabulle de la funda plástico que envuelve su casa, y cuando quita los clavos que unen el túnel de plástico con la parte de atrás de la furgoneta, simbólicamente está cortando el cordón umbilical.[136]

Aún queda pendiente la cuestión de Mary: el único personaje adulto cuyo rostro vemos desde el principio de la película. Spielberg lo explicó de un modo no muy convincente al decir que la consideraba «un niño más».[137] Su propia obra contradice esta afirmación: Elliott no hace en ningún momento a Mary partícipe de lo que ocurre en su mundo, y especifica a Gertie que no debe revelar la existencia de E.T. «ni siquiera a mamá». Y como hemos visto antes, Mary no es capaz de ver a E.T. aunque se pasee frente a ella. No tiene la capacidad infantil de conectar con ese mundo de fantasía. Cuando descubre a sus hijos con E.T., huye despavorida con ellos dejando al alienígena solo e indefenso, pese a las protestas de Elliott y Gertie.

Según la hipótesis planteada, en cambio, la aparición del rostro materno está plenamente justificado: si *E.T.* es una plasmación visual del mundo de Spielberg en su infancia, sin duda su madre tendría un rostro, y muy presente. Baxter también parece entender así la película:

En realidad, es la destilación de la década de soledad de Spielberg en su adolescencia. Elliott, que tiene diez años y vive con su madre divorciada, su hermano mayor y su hermana pequeña en un pueblo al norte de California, es un reflejo del adolescente Spielberg en Scottsdale.[138]

Pero las declaraciones del director parecen indicar que ha intentado racionalizar *a posteriori* una decisión que probablemente nació en su subconsciente. El propio Spielberg ha admitido en alguna entrevista que su trabajo de cineasta está de algún modo relacionado con la psique: «Nunca me he sometido a psicoterapia o psicoanálisis. Resuelvo mis problemas con las películas que hago.»[139]

---

136 Gordon, A. Op. cit. p. 88.

137 «La evolución y creación de *E.T.*» Documental incluido en el DVD *E.T. El extraterrestre. Edición coleccionista*. Madrid, Universal Pictures Iberia, 2002.

138 Baxter, J. *Steven Spielberg: biografía no autorizada*. Madrid, T&B, 2006, p. 197.

139 Breskin, D. «Entrevista con Steven Spielberg», *Rolling Stone*, 24 de octubre de 1985, pp. 70-80.

Y muy especialmente, percibe esta relación con su subconsciente en *E.T.*: «*E.T.* es una película que llevé dentro durante muchos años y solo podía salir después de mucho psicodrama suburbano.»[140]

Además, el cine de Spielberg está repleto de personajes maternos fuertes y de padres que están ausentes, son pasivos o son retratados directamente de forma negativa. El modo de rodar *E.T.*, mostrando el rostro de la madre y ocultando el del padre (el de todos los hombres por asociación), no es más que una plasmación visual de ese esquema.

7.2. El estilo Spielberg en *E.T. El extraterrestre*

-En la primera secuencia, en la que los extraterrestres recogen muestras en el bosque, vemos unos extraños dedos arrancando una hoja de un árbol. En este momento, Spielberg quiere mantener oculto el aspecto de los alienígenas, y lo hace mediante este recurso de mostrar solo sus manos o pies, y manteniéndolos como siluetas al contraluz, resaltando además así el brillo rojo en sus pechos. Esta presentación ayudará a crear un interés añadido en el espectador, una expectación por descubrir el aspecto de las criaturas. Un interés extra que al narrador le resulta útil en esa siempre difícil fase de una película que es el arranque, en la que hay que «atrapar» al espectador.

Aparecen los investigadores que perseguirán a E.T. toda la película: se les presenta de un modo agresivo, con el faro de una furgoneta que viene hasta un primer plano, que casi provoca en el espectador el instinto de apartarse. Se abre la puerta de la furgoneta y vemos unos pies pisando con determinación un charco: nuevamente, una plasmación visual y sonora de la ruptura de la tranquilidad que hasta entonces reinaba en la secuencia. Incluso, como hace notar el crítico Nigel Morris, se recurre a un efecto sonoro subliminal: «El rugido de una fiera acompaña la irrupción del vehículo de los científicos.»[141]

---

[140] Sragow, M. «A conversation with Steven Spielberg», *Rolling Stone*, 22 de Julio de 1982, pp. 25-28.

[141] Morris, N. Op. cit. p. 86.

Se presenta entonces al personaje conocido como «Keys». Primeramente se le muestra en un plano detalle de su cintura, de donde cuelga un aro repleto de llaves (de ahí que este personaje sin nombre sea identificado como «Keys», «llaves» en inglés). Posteriormente, el grupo que persigue a E.T., que ha sido abandonado por sus compañeros, se muestra a contraluz, quedando así ocultos sus rostros, y acentuando su carácter amenazante, pues la silueta al trasluz del grupo con sus linternas se asemeja a una criatura de varias cabezas y ojos. Spielberg deshumaniza a estos (aparentemente) siniestros personajes al convertirlos en una masa homogénea de sombras y puntos de luz. Incluso se puede observar cómo se mueven todos al unísono: corren a la vez, mueven las linternas a la vez y en la misma dirección...[142] También es intencionado el silencio de estos hombres, otro elemento de cosificación del grupo, que el director pretende alienar del espectador. Así ve la secuencia Andrew Gordon:

> Al contrario que los alienígenas, los hombres no muestran respeto por el entorno; pisotean por el bosque, y los tubos de escape de su furgoneta escupen humos venenosos. Su luz no es el reconfortante brillo de la nave espacial o la luz de los corazones, ni siquiera el cálido destello de los suburbios, sino la deslumbrante luz inquisidora de las linternas o los faros de la furgoneta.[143]

-Tras la secuencia en la que Elliott descubre que hay algo en su cobertizo,[144] Spielberg ofrece un plano muy interesante: la cámara se acerca en *travelling* hacia la puerta del cobertizo, pero no aparece ningún personaje en cuadro. Es lo que se llama un «cuadro vacío», que suele evitarse en cine. Sin embargo, el subrayado del movimiento de cámara sirve para que el espectador sienta la emoción de saber que E.T. se oculta allí. Es un momento de narración visual pura, y podemos entenderlo como un fuera de campo, pues E.T. no aparece en plano, pero su presencia se hace notar. Es una «ausencia presente».

---

142 Ver imagen 6.

143 Gordon, A. Op. cit. p. 81.

144 Ver Imagen 7.

Curiosamente, un minuto después, Spielberg repite el plano, aunque en esta ocasión los dedos de E.T. asoman por la puerta del cobertizo. Narrativamente, es un avance respecto al momento anterior: Spielberg quiere que el público no se impaciente, haciéndole ver que poco a poco desvelará el aspecto del extraterrestre.

-Después del encuentro por sorpresa entre Elliott y E.T., éste sale corriendo, asustado. El niño lo persigue, y al llegar a su patio encuentra los columpios moviéndose. La puerta de la verja aún se mueve, y un cubo de basura, desequilibrado, cae rodando por las escaleras que llevan a la verja. E.T. ha pasado, y solo se nos muestran los efectos de su rastro.

Elliott se apoya en el columpio y se queda mirando hacia arriba, esperanzado. La cámara subraya la mirada con una leve subida, a la vez que se eleva una neblina. Así, la escena anticipa la de la cocina, cuando Elliott mira, ya sabedor de que hay «algo» ahí afuera, como pidiendo ayuda para superar la situación familiar que vive.

También podríamos reflexionar sobre lo poético de la imagen: los columpios moviéndose solos, en medio de esa atmósfera mágica, son toda una evocación del mundo de la infancia, de su carácter lúdico y especial. Pero estos columpios están vacíos. E.T. los ha movido: es el estímulo que necesita Elliott para recuperar la jovialidad propia de su edad. El final de la secuencia, con Elliott apoyado en esos columpios infantiles, mirando con ilusión hacia donde se ha ido E.T., es todo un compendio visual de los temas de la película.[145]

-Los perseguidores de E.T., de noche en el bosque, colocan unos focos. Se les ve a contraluz. Nuevamente se encuadra a Keys por la cintura, para identificarlo. Dirige su linterna al suelo, hacia los caramelos que Elliott había dejado para E.T. La mano de Keys entra en plano y coge uno, sacándolo de cuadro. En *off* se oye el crujir del caramelo en su boca. El personaje sigue resultando amenazador, y este momento se usa para crear suspense sobre el hecho de que ya está tras el rastro de Elliott. Pero desde la perspectiva del final de la película, que Keys se coma el caramelo podemos entenderlo como una primera pista de su carácter de «adulto-niño».

---

145 Ver Imagen 8.

-Asistimos a otro momento de narración cinematográfica pura: Elliott se finge enfermo para quedarse en casa, pero el espectador no sabe dónde ha dejado a E.T. Antes de irse al trabajo, Mary se pasa por el cuarto de Elliott. Tras comprobar el termómetro (que el niño ha trucado con un flexo), se dirige al amplio armario empotrado. Al abrir Mary el armario, la cámara se sitúa en el interior, de modo que la apertura de las puertas se percibe por el espectador como si hubiera sido sorprendido en un escondite. De fondo, vemos cómo Elliott se incorpora en la cama, sobresaltado. Sin necesidad de diálogo, solo con la imagen, Spielberg nos ha contado dónde está escondido E.T., situando al espectador en su punto de vista. Nuevamente, su ausencia en el plano se convierte en presencia latente para el espectador.

Una vez se ha ido su madre, Elliott baja las persianas (creando así una atmósfera íntima de la que participa el espectador), y se dirige al armario. Habla a E.T., que permanece fuera de campo. Poco a poco, la criatura sale de su escondite y aparece en plano. Gracias a cómo está rodada la secuencia y a la iluminación, un momento que podría ser simple y anodino es convertido por Spielberg en un acontecimiento mágico del que el espectador tiene el privilegio de participar.

-Asistimos a otra mirada *offscreen* que confiere presencia a E.T. aunque no esté en plano: Gertie, apoyada en el pasamano de la escalera, mira hacia el piso de arriba mientras Mary se prepara para llevarla al colegio. El contraste entre la actividad de la madre, ajena a lo que está pasando en el mundo infantil, y la concentración casi hipnótica de la niña, hacen cómplice al espectador de ese mundo mágico que sugiere Gertie con su mirada.

-Mary lee a Gertie un cuento antes de dormir (*Peter Pan*, por supuesto). Su sombra (tan bien recortada que resulta irreal) se proyecta sobre el armario, mientras la cámara se acerca a las rendijas del mismo, por donde se vislumbra la silueta de E.T. Así, podemos decir que es un plano donde se sustituye a Mary y Gertie por sus sombras, y donde solo se ve a E.T. parcialmente. Ninguno de los personajes se ve de forma clara y completa. Y proyectando la sombra sobre el lugar donde se oculta E.T., Spielberg crea un juego de espejos: el cuento de hadas que está leyendo la madre ha cobrado vida en su propia casa con la llegada de la criatura.

-Los hombres del Gobierno inspeccionan la casa de Elliott. La forma de narrarlo es a través de los efectos de sus acciones, lo cual resulta más inquietante: unas luces moviéndose sobre una calabaza de Halloween, la puerta del dormitorio de Elliott que se abre, unas luces desfilando sobre unas muñecas, unas siluetas que vemos a través de las rendijas de una puerta, un cable que se desliza por debajo de la puerta del dormitorio, dejando aprisionada una silla contra el pasillo (imagen que explica visualmente que nuestros protagonistas están atrapados):

> El cordón de extensión amarillo que se desenrolla lentamente es todo lo que vemos de los científicos haciendo trabajo de reconocimiento en la casa de Elliott. Ejemplo perfecto de Spielbergismo, el objeto sustituyendo a la cosa, y la cosa siendo más terrorífica porque no podemos verla.[146]

-Acontece la invasión del hogar de Elliott por los científicos de la NASA. Sus rostros quedan ocultos por las escafandras con cristal tintado que llevan, similar a las de los trajes de astronautas.

Seguidamente, se nos muestra a un grupo de hombres acercándose a la casa: aparecen por el horizonte, con el sol del atardecer por detrás, de modo que están a contraluz. De esta manera, al igual que en la secuencia inicial del bosque, se les muestra deshumanizados, como un solo ser de varias cabezas caminando al unísono y avanzando de modo implacable. Todos llevan el mismo casco, otro rasgo de homogeneización.

-En la siguiente secuencia, en el quirófano que se ha improvisado en la casa de Elliott, aparecen ya rostros de médicos adultos, aunque cubiertos casi totalmente por mascarillas. También se nos muestran planos detalle de sus manos manejando el instrumental médico.

Los dedos de Keys se posan sobre el cristal que lo separa de Elliott. Por la perspectiva empleada, la mano se sitúa sobre la imagen del

[146] Alcott, T. «Spielberg: E.T.: The Extraterrestrial», en toddalcott.com, 2008 [consultado el 27-11-2011].

muchacho, lo cual da aún una idea de amenaza. Pero a continuación, en plano detalle, las manos de Keys cogen con cariño las de Elliott, produciéndose el giro (en cuanto a la percepción del espectador) en el personaje del perseguidor de E.T. De hecho, en la conversación que mantiene con Elliott, se dibuja un gesto amable en su rostro tras el cristal de su casco gracias al primer plano claro de su cara que nos ofrece el director:

> *Keys* es el primer adulto a quien vemos cara a cara pues, como Mary, se halla vinculado con la infancia en un grado mucho mayor que el resto de los adultos. Recordemos que el hombre de la NASA confiesa ante Elliott que soñaba con el extraterrestre desde que tenía diez años.[147]

-Se produce el paro cardíaco de E.T. Ya se puede observar en los planos amplios cómo los médicos no llevan mascarillas.

Al certificarse la muerte de E.T., Spielberg levanta el «veto» a los rostros de los adultos: Keys se quita el casco y se acerca a E.T. Spielberg subraya el momento con varios primeros planos de científicos y médicos quitándose sus escafandras y mascarillas, y mostrando al público sus rostros clara y abiertamente.

-Tres amigos de Mike llegan al parque donde ha aparcado la furgoneta. Se acercan a la parte trasera (donde va E.T.), cuyas puertas están abiertas.

Los tres adolescentes miran *offscreen*, llenos de asombro. E.T. se muestra ante ellos en una imagen majestuosa (recién «resucitado» con su corazón brillando en rojo, vestido de blanco radiante, envuelto en humo). Seguidamente, Spielberg muestra un primer plano en el que los chicos se despojan de distintos complementos que tapaban parte de sus caras (un pasamontañas, uno, y gafas de sol, los otros dos). Estos personajes se burlaron de Elliott al principio de la película, cuando dijo que había visto un ser extraño. Siguiendo con la metáfora de la ocultación de los rostros, es evidente que Spielberg remarca con ese plano el gesto de los chicos de descubrirse la cara. Puede interpretarse que estos adolescentes,

---

147 Sánchez-Escalonilla, A. Op. cit. p. 153.

aún entre la infancia y la edad adulta (por eso ocultaban sus rostros solo parcialmente), al ver a E.T. recuperan la fe de su niñez, y se descubren abiertamente para ingresar de nuevo en el reino infantil.

-El último plano de la película es muy significativo: la cámara se acerca en *travelling* al rostro de Elliott, que mira fuera de campo, hacia arriba. Acompañando el movimiento de cámara (externo), el movimiento interno de un humo que sube en la misma dirección de su mirada. Así, este plano remite al de la cocina, hacia el principio de la película.

Pero si en aquella ocasión la mirada del niño se dirigía triste a un espacio indefinido, como si fuera una petición de ayuda, ahora es una mirada con un destinatario concreto, hacia un amigo que ha cambiado su vida para siempre. De ahí que la diferencia entre los dos planos sea el movimiento de cámara: mientras que en la secuencia de la cocina la cámara se elevaba alejándose de Elliott, que quedaba así pequeño en el plano, sugiriendo un personaje triste y desvalido, en el plano final el movimiento es de acercamiento a su cara, terminando en un primer plano que inunda la pantalla. Ahora nos parece un personaje estable y confiado. Es un nuevo ejemplo de la magistral narración visual que el director despliega en esta película.

Imagen 1. ***El diablo sobre ruedas.*** **Universal Studios, 1971.**
La perspectiva convierte al camión en un temible monstruo que amenaza a un protagonista insignificante y aislado en su entorno.

Imagen 2. ***Tiburón.*** **Universal Studios, 1975.**
Asistimos al primer ataque mortal del escualo a través de la reacción de la víctima.

Imagen 3. Spielberg sugiere la presencia del tiburón gracias a los bidones de oxígeno.

Imagen 4. ***Encuentros en la tercera fase.*** **Columbia Pictures Industries, 1977.** El primer encuentro de Roy Neary con un ovni adquiere connotaciones místicas.

Imagen 5. El pequeño Barry se asoma sin miedo a la misteriosa luz que rodea su casa. Una imagen a la que Spielberg señala como la más representativa de su cine.

Imagen 6. ***E.T. El extraterrestre.*** **Universal Studios, 1982.**
Los perseguidores de E.T. son mostrados como oscuras criaturas sin rostro.

Imagen 7. Una atmósfera mágica anuncia que Elliott está a punto de descubrir algo prodigioso en su cobertizo.

Imagen 8. Elliott lanza una esperanzada mirada al infinito tras encontrar a E.T.

Imagen 9. ***Always (para siempre).*** **Universal Studios y U-Drive Productions, 1989.**
El fanfarrón Pete disfruta de las aclamaciones tras una nueva hazaña.

Imagen 10. ***Parque Jurásico.*** **Universal Studios y Amblin Entertainment, 1993.**
El mítico ataque del T-Rex al *jeep* coloca al espectador en la angustiosa situación de los pasajeros.

Imagen 11. La reacción de la pequeña Lex nos anuncia la presencia de los temibles velocirraptores.

Imagen 12. ***Inteligencia artificial.*** **Warner Bros. Entertainment y Dreamworks LLC, 2001.**
Spielberg muestra distorsionada la imagen de David cuando su madre adoptiva aún lo ve como un ser extraño.

Imagen 13. La trascendencia del momento en que Monica realiza la impronta de amor en David queda visualmente subrayada.

Imagen 14. ***Minority Report*****. Twentieth Century Fox Film Corporation y Dreamworks LLC, 2002.**
Simbólica imagen en la que se nos muestra a dos personajes cuyas miradas se sitúan en el pasado y en el futuro respectivamente.

Imagen 15. ***La guerra de los mundos.*** **Paramount Pictures y Dreamworks LLC, 2005.** El momento en que los trípodes alienígenas se revelan exhibe un vibrante realismo que nos remite al 11 de septiembre.

Imagen 16. En *La guerra de los mundos* sólo tenemos acceso a lo que ven y viven los protagonistas.

8. *ALWAYS (PARA SIEMPRE)*: TRABAJO DE AMOR PERDIDO

Título original: *Always*.
Año: 1989.
Intérpretes: Richard Dreyfuss (Pete), Holly Hunter (Dorinda), John Goodman (Al), Brad Johnson (Ted), Audrey Hepburn (Hap).
Sinopsis: Pete es un temerario piloto que trabaja apagando incendios forestales. Tiene una relación amorosa con Dorinda, que trabaja en la torre de control, aunque aún no ha querido comprometerse con ella. Su amigo Al también pilota, y le recomienda que acepte un trabajo de instructor en una academia de vuelo.

En un incendio, Pete se arriesga más de la cuenta y fallece. En la otra vida le recibe un ángel llamado Hap, que le informa de que debe volver a la Tierra para ayudar y guiar a un aprendiz de piloto llamado Ted. Pronto Pete se da cuenta de que Ted se está formando en la academia donde han ido a parar Al y Dorinda.

Al principio Pete no cumple con la misión encomendada: en lugar de ayudar a Ted, utiliza su influencia para gastar bromas a Al. Por otro lado, se da cuenta de que Ted empieza a cortejar a Dorinda, a lo cual Pete se opone. Dorinda parece notarlo, ya que no es capaz de librarse del recuerdo de Pete y entregarse a la relación con Ted.

Hap vuelve a convocar a Pete, y le hace ver que parte de su misión es dejar ir a Dorinda.

De vuelta en la Tierra, Pete inspira a Ted finalmente en un incendio. Pero aún hay bomberos en peligro, y Dorinda toma el avión de Pete. Emulando a su novio fallecido, logra salvar a la gente que estaba en peligro, pero pierde el control del avión y cae en un lago. Cuando está a punto de morir, ve a Pete, que le ayuda a salir de la cabina. Al y Ted salen a su encuentro, y Pete finalmente se marcha en paz.

8.1. Implicaciones temáticas

En los siete años transcurridos desde el estreno de *E.T.* hasta el de *Always*, varios eventos importantes afectaron la vida y la carrera de Steven Spielberg. En 1985 nació su primer hijo, Max. La experiencia de la paternidad cambia su punto de vista de hombre-niño, y en cierta manera parece atraído por un tipo de historias más adultas: *El color púrpura* (1985) y *El imperio del sol* (1987) muestran una evolución en el tono de su cine. Y en particular la segunda añade un interesante giro temático: se muestra el final de la inocencia del niño protagonista, que acaba la película como un adulto desencantado.

En 1988, Spielberg rueda *Indiana Jones y la última cruzada*, en la que conocemos al padre de Indiana, interpretado por Sean Connery. Es una de las figuras paternas severas y distantes habituales en su cine (en su presentación en la película su rostro permanece fuera de campo, como los adultos de *E.T.*). Sin embargo, a lo largo de la película asistimos a un proceso de reconciliación entre padre e hijo, algo inédito en sus películas. Parece que a través de su propia paternidad, Spielberg redescubre la figura del padre.

Otro suceso fundamental a tener en cuenta, en esta ocasión negativo, es su fracaso matrimonial con la actriz Amy Irving. Después de que Irving abandonara a Spielberg por otro hombre, el divorcio se consuma en el mismo año 1989 en que el director decide rodar *Always*. Sus peores temores se cumplen: repite en su propio matrimonio la ruptura de sus padres. Así, podemos decir que *Always (para siempre)* se inscribe en ese proceso de maduración y desencanto que sucede en la vida de su autor.

Irónicamente, a pesar de esta circunstancia personal, la película tiene la distinción de ser la primera historia de amor que dirige Spielberg. Y como ha ocurrido con las películas ya analizadas, comprobaremos cómo *Always* tiene una implicación temática en relación a la biografía de su autor, con raíces que van hasta su infancia, y cómo vuelven a aparecer sus constantes argumentales.

Always es un proyecto que Spielberg acariciaba desde hacía años: un *remake* de la película *Dos en el cielo* (*A Guy Named Joe*, Victor Fleming, 1943), un largometraje que según él mismo «tocó su alma» y le hizo llorar cuando la vio por televisión con doce años.[148] La película se situaba en la II Guerra Mundial, entonces en curso (vuelve a aparecer la obsesión de Spielberg con dicha contienda), con Spencer Tracy interpretando al temerario piloto que pierde la vida en un ataque contra un barco alemán. Su espíritu regresa a la Tierra para traspasar su conocimiento a un nuevo piloto, y a la vez debe aceptar que este emprenda una relación amorosa con su prometida.

Spielberg manejó la idea de hacer una nueva versión de *Dos en el cielo* desde mediados de los años 70 (incluso incluyó un breve fragmento de la película en un televisor que se ve en su producción *Poltergeist*), pero aplazó el proyecto hasta verse preparado, pensaba que no se encontraba emocionalmente maduro para tratar una historia *adulta*.

Al adaptarla a finales de los 80, traslada la historia a la época actual, y los pilotos se dedican a apagar incendios forestales. Precisamente ese cambio de época y circunstancias es una de las razones que pudo influir en que el film no terminara de funcionar con el público, resultando en uno de los pocos fracasos de la carrera de Spielberg. La película se tachó de cursi y sentimental, quizás porque Spielberg traslada los códigos románticos de los años 40 a los años 80, y se evidencia que están fuera de lugar: «Me gustaría que se volvieran a hacer películas como las de antes, empalagosas y románticas.»[149]

---

148 Gordon, A. Op. cit. p. 151.
149 Cantero, M. Op. cit. p. 87.

Otro problema puede ser el cambiar el trasfondo de una situación de máximo riesgo como es una guerra por una profesión sin duda peligrosa, pero sin las connotaciones de heroísmo presentes en la película de Victor Fleming. El propio personaje de Al habla sobre los pilotos de la guerra y le recuerda a Pete que están muy lejos de esa situación, dejando al descubierto uno de los problemas de la película: al no estar en juego la seguridad del mundo, las bravuconadas del personaje de Pete le hacen pasar de ser heroico a un simple «capullo», como le dice Al, y como reconoce el mismo Pete tras su muerte. De esta manera, es difícil que el público se identifique con él.

Pero centrándonos en el estilo visual de la película, encontramos un planteamiento muy interesante, ya que el personaje de Pete es invisible durante buena parte del metraje para el resto de personajes, de modo que podemos decir que, al igual que en muchas de las películas de Spielberg, hay un elemento que desde fuera del plano influye en la historia y los personajes, solo que en esta ocasión el fuera de campo afecta a la percepción de los otros personajes, no siempre del espectador. Pete no deja de ser como el padre de Elliott o los extraterrestres de *Encuentros en la tercera fase*, una presencia invisible, una ausencia que se hace presente por su influencia sobre lo que vemos. Aquí el concepto fuera de campo está aplicado en el propio planteamiento de la historia, además de en la realización.

Este planteamiento permite a Spielberg jugar con la presencia/ausencia de Pete, haciéndolo visible o no para el espectador según convenga narrativamente, básicamente cambiando el punto de vista de una escena o haciendo que narrativamente sea pertinente que aparezca.

Al igual que en *Encuentros en la tercera fase* o *E.T.*, se nos cuenta que fuera de nuestra percepción hay fuerzas luminosas que nos ayudan. En estas películas el fuera de campo oculta esas presencias benignas. Y en este caso no es solo Pete, que debe guiar a Ted y liberar a Dorinda de su pesar, sino el personaje de Hap, el ángel que aconseja a Pete al llegar al otro lado. Y como suele ocurrir en el cine del director, esta figura benéfica y espiritual está relacionada con lo maternal: aunque en el guion original Hap era un hombre, Spielberg decidió que fuera una madura Audrey Hepburn (en su última aparición cinematográfica antes de su muerte) quien interpretara el papel. El propio Spielberg reconoció la razón de ese cambio: «Audrey estaba más cercana al lado maternal de la naturaleza.»[150] Hap va completamente vestida de blanco, al igual que el otro personaje femenino importante, Dorinda, con el vestido que le regala Pete, momento en que uno de los pilotos la compara con un ángel.

Curiosamente, aparte de este elemento, no hay en la película referencias ni analogías religiosas, como sí ocurría en las películas citadas. En un argumento que trata sobre la vida más allá de la muerte, se muestra que hay un sentido y un plan predeterminado, pero no se ofrece una idea concreta sobre la trascendencia.

Queda claro con ello que la intención de Spielberg no es hacer una película sobre la vida después de la muerte. Entonces, ¿de dónde surge *Always*? ¿Qué quiere contar y cómo se expresa visualmente? Volvamos al origen del proyecto: como hemos dicho, *Always* es la primera película de amor de su autor. Ese es, pues, el tema principal, y no el mundo espiritual. Y la idea del amor que tiene Spielberg es muy idealista y romántica, muy de cine clásico.

No es, por tanto, extraño que para rodar su primera historia de amor recuperara su idea de realizar una nueva versión de *Dos en el cielo*, una película con los códigos románticos de una época más inocente, que para Spielberg representa el cine de ese período.

Por otra parte, no hay que olvidar que la historia de *Dos en el cielo* es romántica, pero también trágica, pues muestra una separación por causa de la muerte. Es posible que el propio fracaso matrimonial de Spielberg le dispusiera para rodar la película: «Dados los celos sexuales, la impotencia y el asilamiento que impregnan *Always*, es más probable que Spielberg estuviese recreando los últimos y dolorosos meses de su matrimonio.»[151]

---

150 McBride, J. Op. cit. p. 407.
151 Baxter, J. Op. cit. p. 295.

Es natural, pues, que Spielberg escogiera como protagonista a Richard Dreyfuss, que como hemos visto en capítulos anteriores, representa una especie de *alter ego* para el director, y él mismo reconoce que lo usa cuando quiere introducirse en una historia. Dreyfuss, de hecho, no encaja en el modelo heroico a la vieja usanza que representaba el personaje de Spencer Tracy en la película original. El carácter burlón, exhibicionista y temerario de su personaje, y su rechazo al compromiso parecen ser más bien una barrera para que el público conecte con él. No arriesga su vida por el bien de la humanidad, como el personaje original, sino por simple fanfarronería.[152] En cierta manera, nos volvemos a encontrar con otro hombre-niño del cine de Spielberg. Pero al contrario que el Roy Neary de *Encuentros en la tercera fase*, Pete debe evolucionar y madurar, aunque sea después de muerto. Así, el punto de vista de la película es también ambiguo, pues por un lado se recrea en el carácter juvenil de Pete, y por otro lado muestra la necesidad de que cambie.

Y si la maduración de Steven Spielberg le llegó a través de la paternidad, su *alter ego* en la película pasa por un proceso similar: Pete debe tutelar a Ted, enseñarle y estar a su lado mientras se desarrolla como piloto y como persona. Es decir, un personaje que toda su vida ha huido de la responsabilidad, tanto en su trabajo como en su vida personal (ya que nunca quiso casarse con Dorinda), ahora debe asumir un papel claramente paternal: «Los dos son hombres-niño. Pete debe convertirse en el padre de Ted para que Ted también pueda crecer.»[153]

Al igual que en una relación padre-hijo, se da un cierto eco de uno en el otro, algo que ya vimos entre E.T. y Elliott. Así, Ted repite las mismas frases que Pete (acaba la frase que Pete comienza cuando conoce a Dorinda), hace el mismo gesto de tirarse de las cejas y acaba pilotando igual. También es significativo el momento en que Dorinda transforma con un bolígrafo el nombre de Ted en Pete.

---

152 Ver Imagen 9.
153 Gordon, A. Op. cit. p. 159.

Pero el paso más difícil lo debe dar en relación a Dorinda. Pete debe trascender el sentido egoísta de posesión («Esa es mi chica», le recuerda a Ted) y su orgullo masculino para poder liberarla de su tristeza y guiarla hacia una nueva vida. De esta manera, su papel pasa de novio celoso a figura paterna también para Dorinda. Quizás que una película de amor se resuelva de esta manera tan poco común en el género fue otra razón para que el público no conectara con ella.

La conversión de Pete de amante celoso en guía paternal se completa cuando salva la vida a Dorinda, y acepta a Ted como su nueva pareja. Es por ello que la última frase de la película, cuando Pete ve alejarse a Ted y Dorinda, da la vuelta a la advertencia anterior a Ted, impregnándola de un orgullo paternal: «Esa es mi chica. Y ese es mi chico.»

Y precisamente por esta relación entre autor y personaje, se torna tan sugerente lo que cuenta la película y cómo lo muestra Spielberg a través de un estilo basado en lo oculto. Porque al igual que Pete, podemos entender que Spielberg debió aprender a renunciar a su esposa, que se fue con otro hombre, y a la vez se convirtió en un padre «fantasma» para su hijo, una presencia ausente como lo fue su propio padre o tantas figuras paternas en su cine. Y aún así, no hay rastro de rencor o desencanto en la película: «Lejos de manifestar cinismo, Spielberg hace un homenaje en *Always* al cariño que le unía a su antigua esposa.»[154]

Resulta paradójico que los *alter ego* cinematográficos de Spielberg acaben reflejando la figura del padre ausente que hasta este momento había sido retratada de modo tan negativo en su cine. Hay una doble naturaleza en ellos, parecen evocar tanto al propio realizador como a la figura de su padre. De hecho, la base para *Always*, la película *Dos en el cielo*, también remite a la infancia de Spielberg, como ya se ha señalado. Y el propio Spielberg reconoce que esa repercusión que tuvo la película en su mente pudo tener que ver con lo que pasó con sus padres: «Pete está incapacitado para influir en los acontecimientos, como si fuera un mueble.

---

154 Sánchez-Escalonilla, A. Op. cit. p. 232.

Como niño yo estaba muy frustrado y quizás veía a mis propios padres en ella.»[155]

Es significativo que precisamente decidiera realizar su versión de la historia justo cuando su propio matrimonio fracasaba. Pete pierde a Dorinda porque está demasiado abstraído en su trabajo, al igual que el padre de Spielberg, y al igual que le acabó pasando al mismo director:

> Steven Spielberg ofrece con su historia una paradoja que también sucedería en su propia vida: como el suyo, el amor entre Pete y Dorinda se trunca al comienzo de la película por la pasión profesional del protagonista. Y, para Spielberg, volar y hacer cine tienen mucho en común.[156]

Es por ello que resulta tan dura la escena en la que Pete contempla cómo Dorinda se besa con Ted, «creando una escena increíblemente incómoda que transforma a Pete en un consternado voyeur.»[157] No se ve la rabia de los celos, sino el sufrimiento de un sentimiento de culpa, similar al que podía sentir el director en su vida privada.

También por su tema de fondo, *Dos en el cielo* está relacionada con su padre, esa figura ausente en su vida que parece determinar tanto su cine: «Mi padre, que era operador de radio en un B-25 [...] me contó infinidad de anécdotas de la guerra. Durante toda mi vida me he identificado con este período de inocencia total y de enorme peligro.»[158]

Parece claro que Spielberg intentó recrear esa inocencia y peligro sin demasiado éxito. La película, por tono y realización, parece pertenecer a otra época, es como si los personajes vivieran en una película de los años 40. Así, aparece otro de los temas recurrentes de Spielberg: la reflexión sobre el mismo cine: «Sea cual sea el tema ostensible, la mayoría de sus películas tratan sobre el poder de las películas. [...] *Always* es, de forma autoconsciente, metacinematográfica.»[159]

---

155 McBride, J. Op. cit. p. 406.
156 Sánchez-Escalonilla, A. Op. cit. p. 235.
157 Friedman, L. Op. cit. p. 17.
158 Cantero, M. Op. cit. p. 87.
159 Gordon, A. Op. cit. p. 152.

En ese sentido, vemos cómo la misión de Pete será la de proporcionar a Ted un conocimiento que él recibirá como inspiración, al igual que ocurre en el cine y en cualquier otra forma de arte (recordemos la idea de volar relacionada con el cine). De hecho, la frase de Hap sobre el tema podría aplicarse en ese otro contexto: «Inspiración. Ese es el aliento divino. Es aquello con lo que la gente cuenta. La buscan, suplican por ella. Y bastante a menudo, cuando más la necesitan, la consiguen: se les insufla. Ahora es tu turno para devolverla.» También es interesante la idea de que los grandes de una profesión inspiran a las siguientes generaciones, algo muy apropiado en una película en la que Spielberg pretende homenajear el cine de los años 40:

> Al igual que Richard Dreyfuss se sienta en la cabina del avión detrás de su sustituto y le transmite sus enseñanzas, los fantasmas de las viejas glorias de Hollywood (Capra, Fleming, Sturges y otros) están detrás de Spielberg para soplarle al oído parte de sus secretos inmemoriales.[160]

También encontramos numerosos guiños referenciales, como que Al le hable a Pete de los pilotos de la II Guerra Mundial (en alusión a la película original) y explique que no están en la misma situación, que Pete le diga a Dorinda que haga un gesto a la orquesta para que suene su canción, porque «funciona en las películas», y de hecho funciona en esta, o las imitaciones de actores de los años 40 que intercambian Ted y Dorinda. También podemos considerar un guiño a la época dorada del cine la presencia de Audrey Hepburn, uno de los mitos del Hollywood clásico, y que para cuando se rodó *Always* ya estaba prácticamente retirada (de hecho, murió pocos años después sin volver a intervenir en otra película).

8.2. El estilo Spielberg en *Always (para siempre)*

-La aparición de Dorinda en la pista de baile, transformada con el traje que Pete le ha regalado, se cuenta y se subraya a partir de los efectos que provoca: se detiene la música, Pete deja de hablar

[160] Cohen, C. Op. cit. p. 47.

y se queda estupefacto mirando *offscreen*, vemos varios planos de pilotos que miran fuera de campo y reaccionan con asombro, alguno se levanta. Pete también. Pasamos a un plano cerrado de los escalones. Las botas de unos pilotos entran en cuadro, bajando hacia atrás las escaleras (lo cual nos cuenta sin mostrarlo que retroceden ante algo que no pueden dejar de mirar). Frente a ellos entran en cuadro los zapatos blancos de tacón de Dorinda, bajando las escaleras. Seguidamente, la vemos de espaldas, y de frente los rostros sorprendidos de los pilotos que retroceden.

Travelling hacia Pete, que mira fuera de campo y reacciona. Frente a él, un grupo de pilotos que abre un hueco por donde aparece Dorinda, deslumbrante en su traje blanco.

Sin duda esta realización remarca la idealización de la figura de Dorinda, convertida en una aparición mágica, en línea con el tono romántico «a la antigua» que busca Spielberg.

-Augurio sobre la muerte de Pete: Dorinda está tumbada en la cama. Se escucha hablar a Pete por teléfono, pero no se le ve. Por la conversación, se entiende que tiene que ir a una misión. En ese momento, suena una música dramática y Dorinda se incorpora, movimiento subrayado con un travelling hacia ella, que queda en un perfil totalmente oscuro (una extraña luz azulada entra por la ventana, desde atrás). Habla con Pete, que continúa en fuera de campo durante toda la conversación. El fuera de campo de Pete se usa para crear una conversación en la que él está presente aunque no se le vea, una especie de anticipo de lo que sucederá en la película.

Dorinda se gira hacia cámara. No vemos su rostro pues sigue totalmente en penumbra, pero una luz rojiza (proveniente de la chimenea) resalta sus ojos, que denotan preocupación, quedando así el sentimiento subrayado con la ocultación del resto de su rostro.

-El espíritu de Pete entra en casa de Dorinda y empieza a hablarle (sin que ella pueda oírle, naturalmente). La secuencia tiene un aire íntimo, con un primer plano cerrado de ambos. En el momento en que Pete dice: «Tú eres...», Spielberg introduce un primer plano de Ted terminando la frase: «...la razón de que esté aquí». Este primer plano montado tan bruscamente (pues ni siquiera se nos ha mostrado la llegada de Ted) consigue su objetivo: rompe de golpe la atmósfera de la secuencia, que pasa a mostrar el encuentro de Ted y Dorinda, y por lo tanto ya no se ve a Pete al cambiar de plano. Poco después en la escena, justo cuando Ted y Dorinda parecen congeniar, la gata de Dorinda reacciona a algo que no vemos, la cámara se mueve y nos descubre a Pete, sentado en un sillón que un momento antes hemos visto vacío. En cierta manera, parece como si se nos contara que el recuerdo del fallecido empieza a pesar cuando hay señales de una posible nueva relación de Dorinda.

-Dorinda baila con el traje que le regaló Pete, y el espíritu de él se pone a bailar a su lado, creando la ilusión de que bailan juntos, y consiguiendo un momento emotivo. Spielberg solo necesita un cambio de plano para romper el hechizo: en el plano general (que sugiere una visión más «objetiva» del espacio que los planos cortos) hace invisible a Pete y muestra que, en el mundo material, Dorinda está bailando sola. Spielberg repite el esquema (Dorinda y Pete bailando en plano detalle de sus pies y en planos medios-cortos, Dorinda sola en plano general). Ella apaga la vela y termina la secuencia.

9. *PARQUE JURÁSICO*: LA VIDA SE ABRE CAMINO

Título original: *Jurassic Park*.
Año: 1993.
Intérpretes: Sam Neill (Dr. Alan Grant), Laura Dern (Dra. Ellie Sattler), Richard Attemborough (John Hammond), Jeff Goldblum (Dr. Ian Malcolm), Joseph Mazzello (Tim), Ariana Richards (Lex), Wayne Knight (Nedry).
Sinopsis: La historia empieza en la Isla Nublar, cerca de Costa Rica. Un grupo de trabajadores descargan una jaula que transporta un misterioso animal. Durante el proceso, uno de los trabajadores queda atrapado entre la jaula y la puerta del recinto receptor, y el animal lo arrastra, desapareciendo.

Después nos muestran cómo en una mina encuentran un extraño mosquito conservado en ámbar. Seguidamente, nos presentan al doctor Alan Grant y a la doctora Ellie Sattler en una excavación en Montana, donde desentierran los restos fósiles de un velocirraptor. Grant aterroriza a un niño que se burlaba del dinosaurio, y Ellie se lo hace notar. Cuando entran en su caravana, se encuentran con John Hammond, un excéntrico millonario que les ofrece un trabajo como asesores científicos a cambio de financiación total para sus investigaciones.

Por otro lado, Nedry, el informático de Hammond, llega a un acuerdo con una compañía rival para robar ADN de dinosaurios a cambio de una gran suma de dinero.

Grant y Sattler llegan a la isla en compañía del estrafalario doctor Ian Malcolm y del abogado Donald Gennaro. Allí les enseñan el recinto que han creado, bautizado como Parque Jurásico. Los visitantes se quedan sorprendidos al comprobar que el parque contiene especímenes vivos de dinosaurios.

Una vez en el centro de mando, les explican que los animales han sido reproducidos con ADN de la sangre de dinosaurio extraída de los moquitos de la época jurásica conservados en ámbar. Para evitar la reproducción natural, todos los especímenes que se crean son hembras. El grupo se prepara después para hacer el tour que se propondrá a los visitantes del parque, en un *jeep* que va por un raíl. Se les unen los nietos de Hammond, Tim y Lex, mientras él se queda en el centro con sus ayudantes.

Durante el recorrido, el grupo encuentra un triceratops enfermo, y la doctora Sattler se queda para ayudar a los veterinarios del parque, mientras el resto sigue el recorrido.

Nedry desactiva los sistemas de seguridad para poder robar el ADN de dinosaurio, pero al mismo tiempo deja sin electricidad los *jeeps* de los visitantes y las verjas que los separan de los dinosaurios peligrosos. El Tiranosaurio Rex ataca los *jeeps,* devorando a Gennaro, hiriendo a Malcolm y provocando la huida de Grant con los niños. Mientras, Nedry encuentra la muerte al cruzarse con un dinosaurio venenoso cuando intentaba huir con el ADN robado. Sattler y Muldoon, el guardián del parque, encuentran a Malcolm, y se ven obligados a huir del T-Rex.

El doctor Grant y los niños se refugian en un árbol para pasar la noche, y al día siguiente reemprenden el camino. En un momento dado, encuentran huevos de dinosaurio eclosionado: de alguna manera, los animales han mutado para poder procrear. La vida se abre camino.

Hammond reinicia los sistemas para recuperar la electricidad, pero eso supone que los peligrosos velocirraptores quedan libres. Muldoon y otro empleado son víctimas de ellos, y Sattler escapa por poco.

Grant y los niños llegan al centro de mando. Mientras el doctor busca a los demás, los niños se quedan en el comedor, donde se ven perseguidos por los velocirraptores. Los niños consiguen zafarse de ellos, pero les siguen hasta la sala de control, donde están los adultos. Los peligrosos saurios acorralan finalmente a Grant, Sattler y los niños en el hall principal, pero en ese momento aparece el T-Rex y ataca a los velocirraptores, circunstancia que aprovechan los humanos para escapar. Los supervivientes abandonan la isla en helicóptero. Sattler comprueba complacida cómo Grant y los niños permanecen abrazados.

9.1. Implicaciones temáticas

Después de dos fracasos consecutivos, *Always (para siempre)* (1989) y *Hook. El Capitán Garfio* (1991), la carrera de Spielberg parecía entrar en declive. Y no solo en cuanto a taquilla, pues además ambas películas fueron duramente criticadas por la prensa especializada.

Así, tras un período de descanso, 1993 demostró ser un año clave en su carrera: su triunfal recuperación con el éxito financiero de *Parque Jurásico* y por fin, el respaldo crítico y de la Academia de Hollywood gracias a *La lista de Schindler*. Dos películas diametralmente opuestas que muestran las dos vertientes que conviven en su cine, la popular y la adulta. El director reconocía que preparar el rodaje del drama sobre el holocausto mientras ultimaba la posproducción de la aventura jurásica fue «una experiencia bipolar».[161]

Parque Jurásico podría parecer un paso atrás en su carrera. El mismo Spielberg la definió como «una secuela de *Tiburón* en tierra».[162] Sin embargo, y a pesar de ciertas similitudes argumentales y formales (entre ellas, el magistral manejo del espacio fuera de campo), temáticamente se deja notar la evolución ocurrida

---

161 «Return to Jurassic Park». Documental incluido en el Blu-ray *Parque Jurásico*. Madrid, Universal Pictures Iberia, 2010.

162 McBride, J. Op. cit. p. 418.

en su vida y su profesión desde que rodara la historia del escualo asesino. En esta ocasión no nos encontramos con un protagonista pusilánime que debe madurar para enfrentarse a los monstruos que acechan fuera del hogar. De hecho, no es un protagonista que tenga una familia que defender (como en *El diablo sobre ruedas* y *Tiburón*), y a la que de hecho abandone para afrontar la aventura, como hacen Mann y Brody. La figura del doctor Alan Grant, por el contrario, responde a una nueva tipología en el cine del director. Una tipología que se sugiere ya en *Always* pero que no aparece claramente hasta *Hook*: el hombre que descubre su deseo de ser padre. No son hombres-niño, de hecho suelen ser adultos descreídos, muy absorbidos por su profesión. Nuevamente hablamos de personas que deben madurar, pero no a través de un acto de valor, de un duelo uno contra uno frente a un monstruo, sino al descubrir su instinto de protección hacia sus hijos (sean biológicos, como en *Hook*, o sustitutivos, como en *Parque Jurásico*): «Es solo en las películas de Spielberg de finales de los 80 y de los 90, después de que se convirtiera en padre, que sus protagonistas deben crecer y aprender a cómo ser padres.»[163]

En esta ocasión, no se mantiene ocultos a los dinosaurios tanto tiempo como al tiburón o al camionero de las otras películas de monstruos. Pero sí que hay un juego inicial de ocultación para generar una expectación, un suspense. Por otro lado, la historia no nos sitúa en la realidad de una carretera o el océano, sino en una isla repleta de monstruos imposibles de encontrar en nuestra realidad cotidiana. En este contexto el estilo visual aplicado añade la sugerencia de que estos monstruos nos acechan desde lo oculto, desde nuestra propia psique. De hecho, como suele ser habitual en el cine del director, los acontecimientos extraordinarios nos permiten descubrir las emociones y sentimientos de los personajes, que pasan a tener mayor relevancia que el propio evento maravilloso en sí.

La idea de que en esta ocasión los monstruos no representan amenazas exteriores, sino interiores, se concreta en la figura del

---

163 Gordon, A. Op. cit. p. 209.

doctor Grant. Porque Spielberg equipara al personaje con los dinosaurios, de un modo parecido a cómo Quint parecía personificar al mismo tiburón que le obsesionaba (solo que aquel personaje no era el protagonista, ni tenía un arco de transformación).

Para empezar, Grant es un hombre obsesionado con su estudio del pasado remoto, que trabaja sobre el terreno, sobre los restos fósiles. Sus primeras palabras en la película son «odio los ordenadores» (algo irónico y seguramente intencionado si tenemos en cuenta que *Parque Jurásico* es un hito en el uso de efectos especiales creados por ordenador), y solo con tocarlos los estropea (más tarde veremos a un velocirraptor saltar encima de un ordenador, destrozándolo). Ni siquiera es capaz de abrocharse correctamente un cinturón de seguridad en el helicóptero. Esta aversión hacia lo nuevo refleja su reticencia a los niños, a ser padre, a la nueva vida, y su apego a lo ancestral, lo viejo y lo extinto. No es casual que la pequeña Lex domine tan bien la informática, aspecto que acabará salvando la vida de todos.

En ese sentido, es muy interesante la secuencia en que Grant se enfrenta a un niño en el yacimiento de fósiles. El niño dice que no le da miedo el velocirraptor, y Grant, utilizando una garra fósil, escenifica una hipotética situación en la que el dinosaurio (al que claramente personifica él mismo) podría matar al pequeño de la manera más gráfica y terrorífica posible. Spielberg muestra nuevamente su maestría para estimular la imaginación del espectador sin necesidad de mostrar, pues solo con las palabras y gestos de Grant, enfatizados por la cámara del director, se crea una potente imagen en la mente de la audiencia.

La doctora Sattler le reprocha su actitud, y a continuación tienen una discusión en la que Grant expresa su repulsa a los niños, llegando a decir que huelen mal.

Posteriormente, durante su aventura con Lex y Tim en el parque, Grant empieza a conectar con ellos, y en un momento dado le vemos tirar su garra de velocirraptor, dejando así claro el carácter simbólico de la misma: al fin ha superado su aversión hacia los niños y hacia la idea de su propia paternidad, empieza a perder algo del carácter «jurásico» que lo equiparaba a los temibles saurios. Esta transformación brota del instinto de protección hacia los niños que Grant descubre durante los momentos de peligro.

En una secuencia posterior, de hecho, Grant y los niños descubren un nido con huevos de dinosaurio, con lo cual se dan cuenta de que han sido capaces de procrear a pesar de que los genetistas intentaron impedirlo de forma artificial, y es entonces cuando se repite una frase dicha anteriormente, y que viene a representar la idea central de la película: «La vida se abre camino». Argumentalmente se refiere a los dinosaurios, por supuesto. Pero temáticamente refleja también el cambio de actitud de Grant. El ciclo se completa al final de la película, cuando ya en el helicóptero que los saca de la isla, la doctora Sattler mira complacida a los dos niños dormidos acurrucados a ambos lados del doctor Grant. Éste los mira sonriendo, y a continuación mira a Sattler, dando a entender que ya está preparado para iniciar su propia familia junto a ella, un final esperanzado que parece adecuarse a las nuevas circunstancias vitales del director, quien tras su divorcio encontró la estabilidad junto a la actriz Kate Capshaw: «Hasta 1991, la armonía familiar parecía un límite inalcanzable. Pero *Hook* concluía con una familia reunida. Como en la historia de Peter Banning —y del propio Spielberg—, el protagonista de *Parque Jurásico* cambiará su postura frente al concepto de paternidad.»[164]

Y al contrario que en otras películas del director, en esta ocasión el personaje principal no es un hombre-niño ni debe reencontrar, como Roy Neary o Peter Banning, sus esencias infantiles para culminar con éxito su aventura. Grant acaba como un adulto responsable, abrazado a Tim y Lex.

Así pues, podemos afirmar que a cierto nivel los temibles dinosaurios representan la agresiva resistencia a avanzar, los monstruos internos que amenazan no ya a una familia tangible, sino a la propia idea de familia, que al fin y al cabo Spielberg entiende como necesaria para que «la vida se abra camino». Y por ello resulta más sugerente que cada nuevo dinosaurio que va a amenazar

164 Sánchez-Escalonilla, A. Op. cit. p. 283.

a los personajes surja de lo oculto, que se use la ocultación como método introductorio de cada uno de ellos, pasando a convertirse en una seña de estilo reconocible y anclada ya en el inconsciente colectivo, con momentos como el agua moviéndose en el vaso por las pisadas del T-Rex: «El genio endiablado de *Parque Jurásico* está en el modo en que activa el espacio fuera de campo.»[165]

Tanto el Tiranosaurio Rex como los velocirraptores como el pequeño saurio venenoso que ataca a Nedry hacen su aparición en secuencias en que se recurre al fuera de campo. Los dinosaurios pacíficos y herbívoros, en cambio, como los diplodocus o el triceratops enfermo al que atiende Ellie, son presentados de un modo más directo, no detectamos amenaza ninguna.

La idea de los dinosaurios como monstruos interiores parece reafirmarse por el hecho de que las muertes que presenciamos sean de personajes que se nos han mostrado de forma negativa en algún aspecto de su carácter. En primer lugar, el abogado Gennaro, presentado como un personaje avaricioso y cobarde, tiene la muerte en pantalla más gráfica e incluso sarcástica, ya que se oculta del T-Rex en el retrete de una choza, y cuando el dinosaurio la destroza, Gennaro queda frente al monstruo sentado en la taza, y es el único personaje devorado en pantalla.

El villano Nedry también es culpable de avaricia, traiciona a Hammond por dinero y pone en peligro al resto de personajes al crear el fallo informático en el parque para poder robar los embriones y escapar. De entre la jungla surgirá su castigo en forma de dinosaurio venenoso, que le escupe en la cara. Aunque su muerte definitiva en el coche solo se nos sugiera.

Finalmente, el cazador Muldoon es un hombre huraño, portador de armas y obsesionado con los velocirraptores. Nuevamente encontramos ecos del personaje de Quint en *Tiburón*. No es casual que, como le pasaba al marinero, el propio objeto de la obsesión de Muldoon lo acabe devorando. Cuando el cazador se dé

165 Baird, R. «Animalizing Jurassic Park's Dinosaurs: Blockbuster Schemata and Cross-Cultural Cognition in the Threat Scene», *Cinema Journal*, 37.4, 1998, pp. 82-103.

cuenta de que los animales le han engañado, y es consciente de que uno de ellos ha surgido de la nada, aún es capaz de expresar una admiración enfermiza al exclamar: «¡Chica lista!» Podríamos decir que Muldoon representa aquello en lo que el doctor Grant podría llegar a convertirse si siguiera en sus posiciones del comienzo de la película: obsesionado con su trabajo, con una extraña y casi morbosa fascinación con los velocirraptores, ajeno al mundo moderno, a los avances, y con un cierto carácter huraño que se deja ver en su resistencia al compromiso y su aversión por los niños. Sin embargo, Grant sufre un arco de transformación, y por ello su enfrentamiento con los velocirraptores (los monstruos de su psique) al final de la película es tan distinto del de Muldoon: Grant no va detrás de ellos, sino que está intentando proteger a Tim y Lex, en compañía de Ellie, defendiendo una familia que ha surgido por puro instinto. No se enfrenta a los monstruos solo, sino formando parte de un núcleo humano sólido. Al principio de la película simulaba el destripamiento de un niño adoptando el papel de un velocirraptor; en la escena final se interpone entre estos maliciosos dinosaurios y unos niños que ni siquiera son sus propios hijos.

La ausencia también marca *Parque Jurásico*. Porque al igual que en *E.T.*, nos encontramos con dos niños traumatizados por el divorcio y la ausencia de sus progenitores. Sin embargo, en esta ocasión los adultos no son malvadas siluetas sin rostros, sino que en el doctor Grant encontrarán un padre sustitutivo (al principio a regañadientes) que los proteja, precisamente la persona que más rechaza su compañía. Resulta muy significativo el momento, durante el ataque del Tiranosaurio, en que el abogado Gennaro sale corriendo del *jeep,* dejando a Tim y Lex a su suerte. En ese momento, Lex empieza a respirar profundamente, como si estuviera teniendo un ataque de pánico, y empieza a repetir incrédula «nos ha abandonado». En medio de la aventura hay espacio para este detalle que deja bien a las claras, nuevamente, los efectos del divorcio en unos niños, el miedo al abandono. En una secuencia posterior, la niña repite la frase a Grant: «nos abandonó», y el paleontólogo le asegura que él no lo hará. De hecho, es la actitud protectora de Grant, su recién encontrado instinto paternal, lo que conferirá fuerza y confianza a unos niños que al principio de la película aparecían frágiles y asustadizos: «La peligrosa aventura prehistórica alimenta el intercambio de papeles entre Alan y los nietos de Hammond. El primero presta a los pequeños su fortaleza; los segundos despiertan en el protagonista un sentimiento de paternidad.»[166] Conviene recordar que los padres de Tim y Lex son la ausencia que pende sobre la película. Los gritos de los niños diciendo «nos ha abandonado» frente al temible Tiranosaurio parecen confirmar el carácter psicológico del monstruo, el símbolo de esa ausencia parental.

Y es que nuevamente queda claro que, por muy comercial y lucrativo que parezca cualquier proyecto en que se embarca Steven Spielberg, de alguna manera siempre aparecen los temas que le preocupan, y siempre existe alguna conexión con su experiencia vital, por lo general con su infancia y adolescencia. En el caso de *Parque Jurásico*, el director confiesa que de pequeño le apasionaban los dinosaurios. Es más, vuelve a aparecer una conexión con un recuerdo de infancia asociado a su padre, la gran figura ausente de su infancia: «Para mí era importante ser un niño dirigiendo *Parque Jurásico*. Mi padre me llevó al museo de Philadelphia a ver dinosaurios.»[167]

Y teniendo en cuenta que el tema de la paternidad es tan importante en la película, resulta significativo que el director también empiece a incorporar en su cine temáticas relacionadas con su experiencia como padre (en el momento del rodaje, su hijo Max tenía 7 años): «Las primeras grandes palabras que aprendí fueron los nombres de diferentes especies de dinosaurios, y cuando mi hijo Max tenía dos años no solo podía identificar, sino hasta pronunciar «iguanodón».»[168]

Y si Grant encarna esa nueva tipología del adulto que descubre su vocación de padre, existe otra figura paterna más en línea con algunas aparecidas previamente en el cine de Spielberg: el excéntrico

---

166 Sánchez-Escalonilla, A. Op. cit. p. 287.
167 «Return to Jurassic Park». Documental citado.
168 Sánchez-Escalonilla, A. Op. cit. p. 276.

millonario John Hammond, creador del parque jurásico y abuelo de Tim y Lex. Es una figura ciertamente contradictoria: por un lado se le retrata como un entrañable y sonriente anciano de barba blanca, cariñoso con sus nietos y acogedor con sus invitados. También vemos cómo habla con dulzura a un pequeño velocirraptor que sale de un huevo en el laboratorio donde los crían. Hammond explica que insiste en estar presente en todos los nacimientos. Incluso el malvado Nedry le llama sarcásticamente «papá». Por otro lado, es un irresponsable que ha manejado la ingeniería genética a su antojo, y que deja a los niños y a los científicos visitar el parque cuando aún tiene defectos de funcionamiento: «Al mismo tiempo, Hammond funciona como otro personaje familiar en Spielberg: la figura paterna poco fiable que abandona sus responsabilidades familiares.»[169]

Mientras en la novela de Chrichton se retrata a Hammond como un ambicioso capitalista que acaba devorado por los mismos dinosaurios que ha creado, en la película Spielberg le da matices más positivos: es un empresario del espectáculo que empezó con un circo de pulgas, y cuyo interés no es tanto el dinero como contentar a su público. Finalmente, es uno de los supervivientes que logran escapar al final.

Es en esa escena en la que cuenta a Ellie cómo comenzó con el circo de pulgas, cuando el personaje se hace más simpático, al descubrir que sus intenciones son nobles, por mucho que sus métodos sean equivocados, y su proceder descuidado. En cualquier caso, esa declaración de intenciones de querer sorprender y entretener al público, de querer darles algo único, parece conectar íntimamente el personaje (que recordemos que no era así en la novela) con el mismo Spielberg, el director que maravilló al mundo con el cine espectáculo de *Tiburón* o *E.T.* Y quizás por eso Spielberg, que venía de fracasar al intentar crear el faraónico espectáculo de *Hook*, entiende la contradicción presente en el personaje. No en vano, la caracterización del mismo, con barba y gafas, remite a la imagen habitual del director. Y además, no hay que olvidar que el

---

[169] Friedman, L. Op. cit. p. 137.

papel lo interpreta Richard Attemborough, un colega director al que Spielberg admira, al igual que en *Encuentros en la tercera fase* otorgó el papel de Lacombe a François Truffaut. Las propias palabras de Spielberg sobre el personaje parecen delatar esta identificación: «Es un hombre que cree en los buenos valores familiares, que tiene mucha intuición para el espectáculo, para agradar a la gente y conseguir que al público le guste lo que tú le ofreces.»[170]

Y esto nos lleva a otra posible lectura presente en la película, que es un tema ya recurrente como hemos visto en capítulos anteriores: la reflexión sobre el mismo cine. Parece clara la imagen del parque de atracciones como símbolo del gran cine espectáculo que Spielberg ha practicado durante buena parte de su carrera, y cómo la película retrata las luces y sombras del mismo, el éxito y el fracaso.

Pero también hay un sentimiento ambivalente acerca de la tecnología y su uso o abuso, algo que no parece casual en una película que precisamente marcó un antes y un después en el desarrollo de los efectos digitales para hacer creíbles los dinosaurios. Si dentro de la misma narración, los animales son creados a través de la tecnología, en lo que atañe a la creación de la película ocurrió algo parecido: hizo falta un salto tecnológico. Durante la misma preparación se pasó de un planteamiento totalmente artesanal con figuras animatrónicas al uso de imágenes infográficas para una parte de los planos. La informática está muy presente en la historia, aunque representada de forma contradictoria: por un lado todo el problema en el parque surge a través de un fallo informático, al que está asociado el villano Nedry (es ciertamente paradójico que en la película que representa el triunfo de los efectos digitales, el villano sea informático). Como hace notar Friedman, volvemos a encontrar otra conexión con la historia personal de Spielberg y su más profundo trauma, pues «el a menudo ausente padre del director, Arnold, fue un pionero en investigación informática en RCA e IBM con varias patentes acreditadas».[171]

---

170 «Cómo se hizo *Parque Jurásico*». Documental incluido en el Blu-ray *Parque Jurásico*. Madrid, Universal Pictures Iberia, 2010.

171 Friedman, L. Op. cit. p. 145.

Por otro lado, la pequeña Lex logra solucionar la situación gracias a su habilidad con los ordenadores. Esta paradoja está reflejada también en el propio ADN de la película, que trata sobre seres ancestrales y prehistóricos, pero que son traídos al presente gracias a la última tecnología (tanto desde el punto de vista de la realización cinematográfica como con la genética desde dentro de la historia).

El propio director saca partido visual a esta encrucijada, cuando un velocirraptor entra en el centro de control, y se nos muestra un primer plano en el que sobre el rostro del animal prehistórico se proyectan los unos y ceros de una serie digital presente en una pantalla de ordenador: «La lección que se desprende de *Parque Jurásico* consiste en que la ciencia no puede reemplazar a la imaginación humana, que es mucho más poderosa.»[172] La imaginación humana: un tema que nos lleva de nuevo a la importancia de un estilo visual basado en la ocultación, en que el espectador tiene que usar su imaginación. En *Parque Jurásico* Spielberg consigue un gran equilibrio entre la exhibición de efectos especiales y el uso de la sugerencia y el espacio fuera de campo para que la experiencia sea más intensa.

También resulta un mensaje sin duda profético, teniendo en cuenta cómo en los años siguientes hemos asistido al uso y abuso de los efectos especiales digitales en detrimento de técnicas más artesanales (que Spielberg aún usó profusamente en las dos entregas de *Parque Jurásico*) y sobre todo, para tapar deficiencias narrativas. Irónicamente, el éxito de la aventura prehistórica propició el desarrollo que permitió esta invasión infográfica.

Por otro lado, encontramos más ecos metacinematográficos, en este caso una reflexión sobre los aspectos comerciales del cine, con una secuencia donde vemos una tienda de regalos llena de productos con el logo del parque, que resulta ser el mismo logo explotado en el *marketing* de la película, y por lo tanto en la vida real todos esos productos se pusieron en venta ante el fenómeno taquillero:

---

[172] Sánchez-Escalonilla, A. Op. cit. p. 293.

«El logo es idéntico dentro (señalización del parque) y fuera (en los carteles de la película y en todos los actos donde aparecen los productos derivados) y sirve como identificador en la ficción y como objeto promocional en la realidad. ¿Existe algo mejor que la autocrítica de la propia megalomanía mientras, a la vez, se llena uno el bolsillo?»[173]

9.2. *El mundo perdido*

En 1997, Steven Spielberg estrena *El mundo perdido (The Lost World: Jurassic Park)*, secuela de *Parque Jurásico*. Y lo cierto es que no estimamos que aporte nada significativo a la primera entrega para merecer un capítulo propio, como reconoce el propio director: «Estaba sirviendo un banquete al público, pero no me estaba sirviendo a mí mismo ningún desafío.»[174].

En realidad, *El mundo perdido* repite el esquema de *Parque Jurásico*, tanto en lo temático como en lo argumental. Los personajes de Grant y Sattler son sustituidos aquí por el doctor Ian Malcolm (Jeff Goldblum), que aparecía en la película anterior en un papel secundario, y su novia, la doctora Sarah Harding (Julianne Moore). Los nietos de Hammond son sustituidos por la hija adoptiva de Malcolm, pero el conflicto es el mismo: Malcolm no quiere ejercer de padre, no dedica suficiente tiempo ni atención a la niña, y en medio de la situación de peligro que viven en la isla, surgirá su instinto de protección hacia ella y eso le hará redescubrir su paternidad.

También aparece nuevamente un cazador obsesionado con los dinosaurios, como Muldoon, o un abogado avaricioso que pretende explotar económicamente a los dinosaurios, al igual que Gennaro.

En lo visual, también se repiten patrones vistos en *Parque Jurásico*, y cómo se presenta a los dinosaurios más peligrosos usando el fuera de campo (incluso recursos concretos como la reverberación del agua en un charco para anunciar la llegada del T-Rex). A pesar de todo, cuenta con algunos momentos originales inspirados, como

173 Cohen, C. Op. cit. p.55.
174 Biskind, P. Op. cit. p. 206.

el usar un campo de hierba alta para escenificar un ataque de velocirraptores, de modo que se nos muestran las marcas que hacen en la hierba al acercarse a sus víctimas, y cómo éstas desaparecen sin que veamos a sus atacantes.

El esquema narrativo de la primera se rompe únicamente con la secuencia final, en la que llevan un tiranosaurio a la ciudad de San Diego, proporcionando a Spielberg la oportunidad de homenajear las películas de Godzilla o King Kong. Temáticamente, la novedad es que el instinto paternal se ve reflejado también en los propios dinosaurios, ya que hay toda una trama alrededor de la cría de tiranosaurio: «Spielberg se mueve al filo de la auto-parodia al hacer que la mamá y el papá dinosaurio rescaten y protejan a su progenie en peligro, una situación mostrada una y otra vez por personajes humanos a través de sus películas.»[175]

El problema es que parece que tanto esa secuencia final como algunos otros bloques de acción están metidos con calzador en el esquema, se aprecia menos unidad y evolución dramática que en la primera película. Es más una serie de *set pieces* de acción mínimamente hilvanadas.

Probablemente Spielberg aceptó dirigir *El mundo perdido* por motivos empresariales, ya que estaba en medio del proceso de fundación de su nueva productora, Dreamworks. Pero también hay que tener en cuenta que, después del desafío emocional que supuso *La lista de Schindler*, había estado cuatro años parado, y quería rodar algo con lo que se sintiese seguro: «No quería saltar a la parte profunda de la piscina. Quería entrar por el lado fácil y acostumbrarme al agua. Quería hacer algo familiar.»[176]

9.3. El estilo Spielberg en *Parque Jurásico*

-La primera secuencia bebe de *Tiburón*, y plantea el primer ataque del dinosaurio que será la principal amenaza, el velocirraptor, basándose en la sugerencia.

---

[175] Friedman, L. Op. cit. p. 149.
[176] Ibídem, p. 148.

El primer plano nos muestra las hojas de un árbol moviéndose, con un ruido de fondo similar a un rugido. Sabiendo que la película trata sobre dinosaurios, se crea la expectativa de que vamos a ver al primero. Spielberg inserta, para subrayar más esa expectativa, primeros planos de distintos operarios, que miran con cierta aprensión hacia un lugar fuera de campo. También al guardián Muldoon, que sujeta su rifle. Finalmente, se descubre que el sonido y el movimiento se debían a un vehículo con grúa, que transporta la jaula donde va el velocirraptor.

Pero al mismo tiempo, el cambiar dinosaurio (animal) por grúa (máquina) y verla abrirse camino entre la vegetación, también puede ser una imagen que avance aspectos temáticos de la película, algo habitual en los arranques de los filmes:

> Los dinosaurios, dice esta escena, no son el problema. El problema es la tecnología irrumpiendo en la naturaleza. [...] La tecnología (hombres con armas, con logo corporativo) en la naturaleza, se enfrenta no con la naturaleza, sino con otra pieza de tecnología (la grúa y la caja) que contiende Vida (el enfadado velocirraptor), que Se Abre Camino [*sic*] para evitar a la tecnología que trata de controlarlo.[177]

A partir de aquí, se juega a no mostrar la criatura, pero sí sugerirla: Al igual que en *Tiburón*, se nos muestra un plano subjetivo de su visión desde el interior de la jaula. Un operario reacciona con temor. Después de que abran la puerta de la jaula para que entre en el parque, se usa la silueta del animal moviéndose con velocidad hacia la salida. La jaula se desprende de la apertura del parque, y un operario es atrapado por el dinosaurio, aunque solo vemos el medio cuerpo que queda fuera de la jaula. Muldoon intenta tirar de él. Nos muestran un plano detalle de los ojos de la criatura, seguido de otro plano detalle de los ojos del trabajador: «Como en *Tiburón*, no podemos ver la mayor parte del ataque de la criatura; se deja en gran medida a nuestra imaginación, que lo hace peor. Y, como en *Tiburón*, a veces compartimos el punto de vista del

[177] Alcott, T. «Spielberg: Jurassic Park part 1», en toddalcott.com, 2008 [consultado el 9-11-2014].

animal.»[178] Unos planos detalle sirven para cerrar con dramatismo la secuencia: la boca de Muldoon, gritando «¡disparadle!» y la mano del operario, extendida en espera de una ayuda, hasta que queda inerte.

-La llegada del helicóptero de Hammond al yacimiento provoca que la arena vuelva a tapar el esqueleto de dinosaurio desenterrado. Es una imagen simbólica que presenta ya de forma crítica el personaje de Hammond, que se hace notar y tiene efectos desde el fuera de campo, antes de haber mostrado su rostro:

> Al enterrar el esqueleto, la entrada de Hammond significa no solo el fin de las carreras de Grant y Ellie como paleontólogos convencionales, sino también la ignorancia de Hammond a las amplias implicaciones de sus actos. Del mismo modo que no considera que aterrizar su helicóptero puede arruinar meses de dura labor, Hammond no delibera sobre las ramificaciones éticas y potencialmente mortales de clonar dinosaurios.[179]

-Por primera vez los protagonistas van a ver un dinosaurio vivo, y Spielberg nos lo cuenta enseñando primero sus reacciones. El *jeep* se para en medio del parque, Grant mira a su izquierda. Se levanta de golpe. Comienza un *travelling* hacia su rostro, que muestra un gran asombro. Se quita las gafas de sol, mostrando sus ojos abiertos al máximo. La doctora Sattler sigue mirando el mapa. Entra en cuadro la mano de Grant y le hace girar la cabeza. Ella también se levanta y se quita las gafas, con la boca abierta. Finalmente, cuando por fin han despertado una gran expectación en el público con sus reacciones, se nos enseña un majestuoso plano general de un diplodocus.

Esta forma de ir construyendo una expectación consigue crear una emoción en el espectador que va paralela a las emociones mostradas por los personajes:

> Identificación del público con los personajes principales; vemos a estas criaturas a través de sus reacciones a ellas [...] Spielberg nunca las

---

[178] Gordon, A. Op. cit. p. 205.

[179] Wardak, T. «On Direction- Proving the Narrative Significance of *mise-en-scene*», en get-reel.net, 2012 [consultado el 28-10-2014].

segrega en meras curiosidades aisladas para la admiración de la audiencia. El simple hecho de que la mayoría de espectadores se dejen arrastrar en la narrativa, que se involucren emocionalmente con el destino de los personajes en vez de reclinarse para maravillarse de la calidad de los efectos especiales, atestigua el énfasis de Spielberg en la narrativa sobre el espectáculo y en la caracterización sobre los prodigios técnicos.[180]

-Se nos presenta la voracidad de los velocirraptores, mostrando los efectos de su ataque. Con una grúa meten una vaca en la jaula de los animales. Vemos las hojas de la vegetación moviéndose, seguidamente los rostros horrorizados de los protagonistas, que miran hacia dentro, escuchamos unos terribles sonidos. Cuando todo termina, la grúa se eleva y vemos el arnés que sujetaba a la vaca, totalmente destrozado: «Se presenta a los velocirraptores pero no se les muestra, para poder mantener su misterio y terror al máximo.»[181]

-Posiblemente la secuencia más famosa y la más conseguida de *Parque Jurásico*, el ataque del Tiranosaurio Rex. Falla la electricidad del parque y los coches se han quedado detenidos junto al sector del animal (se nos hace saber porque allí sigue la cabra atada a un poste que se mostró al pasar la primera vez). De repente, el personaje del abogado se fija en un vaso de agua que reposa sobre la guantera del coche: acompañando a un sonido grave, se producen unas ondas en el vaso de agua. Los ojos del abogado, asustado, se reflejan en el espejo retrovisor, que comienza a vibrar.

Tim, usando unas gafas de visión nocturna, mira hacia afuera: la cabra ya no está junto al poste, solo se ve la cuerda que la ataba. Plano contrapicado, en que se ve el techo transparente del coche: Lex pregunta «¿y la cabra?» Justo en ese momento, una pata ensangrentada de la cabra cae sobre el techo.

Se ve la garra del dinosaurio sobre el cartel de Alto Voltaje de la verja, pero no se electrocuta. Finalmente la cámara sube y muestra la cabeza del T-Rex, devorando lo que queda de la cabra.[182]

---

[180] Friedman, L. Op. cit. pp. 132-133.

[181] Alcott, T. «Spielberg: Jurassic Park part 2», en toddalcott.com, 2008 [consultado el 9-11-2014].

[182] Ver Imagen 10.

-Una vez en el salón principal, los niños comen tranquilamente. Vemos a Lex con una cucharada de gelatina. De repente, el gesto de la niña cambia, y se pone a temblar, lo cual produce un gran movimiento en la gelatina. Seguidamente, se nos muestra la razón: una sombra de velocirraptor aparece sobre la pared, detrás de su hermano. Un nuevo ejemplo de la habilidad de Spielberg para contar de forma indirecta la presencia de algo que no vemos, en este caso con la idea de la temblorosa gelatina, una idea puramente visual.[183]

-Los niños se ocultan en la cocina. Por la ventana redonda de la puerta se ve el vaho que provoca el aliento cercano del velocirraptor. El manillar de la puerta baja, la puerta se abre.

Los velocirraptores merodean por la cocina. En un inteligente encuadre nos muestran la situación sin tener que enseñar la totalidad de los personajes: con la cámara a ras del suelo, vemos las patas de los dinosaurios cruzar de izquierda a derecha, y en primer término las manos y pies de los niños (que andan a gatas) pasan después en dirección contraria. Spielberg destaca la importancia de situar la secuencia en un emplazamiento reconocible, para subrayar el terror: «No quería que atacaran a los niños en la jungla, sino en un entorno familiar, ver referencias a cosas que podemos ver en nuestras casas.»[184]

-Clímax final en el hall principal: cuando los velocirraptores están a punto de atacar, aparece desde fuera de campo el T-Rex, que atrapa con su boca a uno de ellos, dejando vía libre a los humanos. En realidad es un recurso algo tramposo, pues la llegada de un animal de ese tamaño se habría notado antes por la vibración de sus pisadas (como se vio en la primera secuencia en que apareció), pero es una manipulación consciente del espacio fuera de campo para crear ese efecto de sorpresa.

---

183 Ver Imagen 11.

184 «Return to Jurassic Park». Documental citado.

10. *INTELIGENCIA ARTIFICIAL*: PINOCHO SE TOPA CON KUBRICK

Título original: *A.I. Artificial Intelligence*.

Año: 2001.

Intérpretes: Haley Joel Osment (David), Frances O'Connor (Monica Swinton), Jude Law (Gigolo Joe), William Hurt (Profesor Hobby), Sam Robards (Henry Swinton), Jake Thomas (Martin Swinton).

Sinopsis: En el futuro, el efecto invernadero ha provocado que se derritan los casquetes polares, resultando en la inundación de las ciudades costeras. Hay menos espacio habitable y la reproducción humana está controlada. Los humanos se sirven de robots (llamados *mecha*) para todo tipo de cometidos.

El profesor Hobby trabaja en una empresa dedicada a la inteligencia artificial. Decide dar un paso revolucionario y crear un niño robot que sea capaz de amar.

Tiempo después, se nos presenta a Henry y Monica Swinton, un matrimonio cuyo hijo Martin está en coma, y los médicos no les dan esperanzas de una recuperación.

Para combatir la tristeza de Monica, Henry acepta probar el primer modelo de niño *mecha*, llamado David, cuyo aspecto es totalmente realista. Henry avisa a Monica que el robot tiene un protocolo de activación del amor, que le hará querer incondicionalmente a quien lo active.

Al principio Monica se siente incómoda con David. Sus extrañas reacciones inquietan al matrimonio. Pero poco a poco se acostumbran a él y le empiezan a coger cariño.

Finalmente, Monica decide activar el protocolo para que David la ame. Instantáneamente, el niño robot la llama «mamá» y se abraza a ella. Monica entrega a David un oso de peluche robótico llamado Teddy, que se convierte en su amigo inseparable. En el momento más idílico para David, llega la noticia de que Martin ha despertado del coma. El niño recela de David, le hace ver su condición de máquina y le tiende trampas para que quede en evidencia. Una de ellas pone incluso en riesgo a Monica. En una fiesta por el cumpleaños de Martin, los amigos de este empiezan a acosar a David, y este se abraza a Martin, cayendo los dos a la piscina. Henry salva a Martin, pero decide que David es un peligro y debe ser devuelto a su empresa de origen para ser destruido.
Monica lleva a David en coche, pero antes de llegar se arrepiente y decide abandonar a David en el bosque. El niño robot se queda desolado. Recordando el cuento de *Pinocho* que Monica le leyó, decide ir en busca del Hada Azul para convertirse en un niño de verdad, y así Monica le ame.
Mientras, se nos cuenta cómo a un robot diseñado para el sexo, Gigolo Joe, le tienden una trampa y lo buscan por asesinato. Joe huye y acaba en el mismo bosque que David. Ambos son capturados junto con otros *mechas*, y trasladados a la Feria de la carne, un espectáculo ambulante donde los robots son destrozados de los modos más crueles posibles. David se pega a Gigolo Joe, pidiéndole que lo proteja. Finalmente, su aspecto realista hace que el público crea que es un niño de verdad. Se organiza un altercado que David y Joe aprovechan para huir. Agradecido por salvarle, Joe se propone ayudar a David en su busca. Juntos llegan a Rouge City, una ciudad futurista rebosante de neón y espectáculos. David y Joe entran en la cabina del Dr. Know, un oráculo virtual, que informa a David que el Hada Azul se encuentra en Manhattan. Al salir, la policía espera a Joe para arrestarle, pero David pone en marcha un helicóptero y ambos consiguen escapar.

Llegan hasta Manhattan, que está medio sumergida en el océano. Encuentran finalmente el edificio indicado por el Dr. Know, que resulta ser el laboratorio del profesor Hobby. Allí David descubre la verdad: no es un modelo único. Ha sido fabricado en serie, a partir de un modelo real que es el hijo fallecido del profesor Hobby.

David, no pudiendo asimilar la magnitud de lo conocido, se lanza al agua. Mientras está en el fondo, tiene una difusa visión del Hada Azul. Es rescatado por Gigolo Joe, que inmediatamente después es arrestado. David utiliza el helicóptero (que es anfibio) para volver al agua. Hay un parque de atracciones sumergido, con figuras referentes a los cuentos infantiles. Una de ellas es el Hada Azul de *Pinocho.* David planta el vehículo frente a ella, pero provoca que le caiga encima una noria, que lo deja atrapado. El niño *mecha* se queda rogando al Hada Azul que lo convierta en un niño de verdad.

Pasan 2000 años. La humanidad se ha extinguido y las aguas aparecen congeladas. Unos extraños seres mecánicos, los Especialistas, realizan unas excavaciones y encuentran a David. En cuanto el niño vuelve a conectarse, se dirige hacia la figura del Hada Azul y la toca, provocando que se rompa en pedazos. Seguidamente, David despierta en lo que parece ser la casa de los Swinton. Allí encuentra un Hada Azul real. Esta le explica que los Especialistas le hablan a través de esta forma, ya que resulta agradable para él. Le explica lo importante y especial que es, ya que es el último *mecha* sobre la Tierra que llegó a tener contacto con el ser humano. Le dice que los Especialistas le concederán lo que pida, y este pide volver a ver a Monica. Gracias a un mechón de pelo que guardaba Teddy, su deseo podrá hacerse realidad. Los Especialistas explican a David que los clones humanos que crean tienen los mismos recuerdos que los originales, pero solo duran un día, y después mueren.

David se encuentra al fin con el clon de Monica. Ambos viven juntos un feliz día, en que celebran el cumpleaños de David. Finalmente, ambos se quedan dormidos para siempre.

10.1. Implicaciones temáticas

Steven Spielberg inauguró el nuevo siglo con *Inteligencia artificial*, una película muy particular dentro de su filmografía, que supone el comienzo de una nueva etapa, sin dejar de reflejar las constantes de su carrera. Nuevamente se trata de una película rodada después de un período de inactividad: tres años desde *Salvar al soldado Ryan* (*Saving Private Ryan*, 1998), que le había valido su segundo Oscar como mejor director.

El proyecto de *Inteligencia artificial* data de mediados de los 80, cuando el director Stanley Kubrick (al que Spielberg conoció en 1979) le habló de que planeaba adaptar el relato corto de Brian Aldiss *Supertoys Last All Summer Long*, publicado en la revista *Harper's Bazaar* en enero de 1969. Kubrick pensaba que el éxito de *E.T.* marcaba que era el momento ideal para acometer el proyecto, pero consideraba que los efectos especiales aún no habían avanzado lo suficiente. En 1993, tras el estreno de *Parque Jurásico*, cree que la revolución digital abre la puerta a la película.

En un momento dado, Kubrick decide que *Inteligencia artificial* está más cerca de la sensibilidad artística de Spielberg, y le ofrece dirigirla con él mismo en las labores de producción. Spielberg acepta, pero después de un tiempo trabajando piensa que le está «quitando» a Kubrick su proyecto, y se retira. En 1999 fallece Kubrick, y la familia del director le pide a Spielberg que complete *Inteligencia artificial*.

Por lo tanto, para Spielberg es tanto un proyecto cercano a sus intereses como un homenaje a su amigo Kubrick. Hay incluso quienes ven en la relación entre estos dos directores con estilos tan diferentes un eco paterno-filial que podría motivar a Spielberg por su historia personal: «Para Spielberg, un director cuyas películas giran obsesivamente alrededor de figuras paternas ausentes [...] finalizar la película de Kubrick debe de haberle parecido como un acto de respeto artístico y devoción filial.»[185] También podemos decir, por tanto, que de nuevo una ausencia sobrevuela una película

[185] Friedman, L. Op. cit. p. 47.

de Spielberg. En este caso no se trata de un personaje, sino del mismo Kubrick, cuya presencia artística parece hacerse notar en *Inteligencia artificial*.

Por otro lado, *Inteligencia artificial* representa la película que inaugura un período de gran actividad en la carrera de Spielberg, que completa seis películas en los cinco primeros años del siglo. Parte de este aumento de productividad se debe a que el director, con un dominio ya absoluto de su oficio, prescinde de los *story boards* (excepto para secuencias técnicamente complicadas) y se fía de su propio instinto en el plató. Esta nueva forma de hacer está sustentada por su relación laboral con el director de fotografía Januzs Kaminski, con el que ha trabajado desde *La lista de Schindler*.

Visualmente esta nueva etapa del director está caracterizada por un estilo más suelto y fresco, con una iluminación menos preciosista, con un grano de celuloide más marcado, más *cinema verité*. Pero también encontramos una tendencia más marcada a lo oscuro y al uso de colores más fríos. Sin duda este giro estilístico tiene su raíz en un cambio del punto de vista, perceptible a partir de *La lista de Schindler*. Dicha película parece un punto de inflexión en la carrera del director por muchos motivos, uno de ellos es que su habitual percepción esperanzada y positiva parece adquirir tintes oscuros, un poso de amargura, como si adentrarse en la historia del holocausto hubiera hecho que la visión del director sobre el ser humano y lo que es capaz de hacer se volviera más desencantada, aunque sin llegar a perder su punto último de esperanza. Estos cambios estilísticos y temáticos, que se prolongaron en las tres películas que siguieron a *La lista de Schindler* (*El mundo perdido*, *Amistad* y *Salvar al soldado Ryan*), cristalizan definitivamente en *Inteligencia artificial*, que une al Spielberg de *Encuentros en la tercera fase* o *E.T.* con el Spielberg post-*Schindler*: «En contra de lo que pueda parecer, esta presunta película «para niños» [...] es su film más «adulto», ya sea por accidente o por cálculo, uno de sus cuentos (crueles) más complejos, ambiguos, despiadados y fríos.»[186]

---

[186] Navarro, A. J. «Futuro imperfecto. El cine de ciencia ficción», *Dirigido por...*, 442, 2014, pp. 58-63.

Por tanto, a pesar de que muchos críticos relacionaron el tono más oscuro y pesimista de *Inteligencia artificial* con el hecho de que fuera un proyecto originado por Kubrick, lo cierto es que los antecedentes demuestran que Spielberg había iniciado esta tendencia unos años antes. También se puede comprobar que la tendencia se prolongó después de *Inteligencia artificial*, mirando algunas de sus películas siguientes: *Minority Report* (2002) y *Munich* (2005) continúan la vena más oscura de *I.A.*

De hecho, un análisis temático de la película nos revela que la historia es profundamente spielbergiana, y que son temas subrayados por el estilo basado en la ocultación: encontramos una serie de niños «perdidos» (David, Martin, David Hobby), una traumática separación familiar, figuras paternas distantes o irresponsables (Henry y el doctor Hobby), otras maternas cariñosas y acogedoras (Monica y el Hada Azul), y una odisea de regreso al hogar. Asimismo, vuelven a aparecer el tema de la fe, los sueños infantiles o la reflexión sobre el propio cine. Incluso se utiliza como analogía paralela la historia de Pinocho, ya utilizada por Spielberg de un modo similar en *Encuentros en la tercera fase*. Es posible que, al fin y al cabo, el propio Kubrick fuera consciente de esta adecuación del material al director de Ohio, y por ello le ofreciera su realización. Así parece verlo el propio Spielberg: «Creo que Stanley Kubrick se dio cuenta de que la única vez que nuestras sensibilidades estuvieron en una vía paralela fue *I.A.* Y Stanley fue el que me llamó.»[187]

Es más, como recuerda el propio Spielberg en los documentales sobre la creación de la película, *Inteligencia artificial* es el primer guion que firma enteramente en 23 años, concretamente desde *Encuentros en la tercera fase* (aunque como dice el director, habitualmente colabore de forma no acreditada con los guionistas de las películas que dirige). Este dato es sin duda muy significativo para establecer lo especial que es el proyecto en la carrera de Spielberg.

¿Significa esto que no hay nada de Kubrick en el resultado final? No, probablemente la película se acerque al neoyorkino en su

[187] Schickel, R. Op. cit. p. 192.

exploración intelectual de algunas de las ideas, mezclada aquí con la emoción habitual del cine de Spielberg. También es un tema propio de Kubrick el de la naturaleza de las inteligencias artificiales, el límite de la ciencia, la deshumanización del hombre, o el ciclo vida-muerte. Antes de acometer *Inteligencia artificial*, Spielberg se fijó mucho en *2001 (2001: A Space Odyssey,* 1968*)* de Kubrick: en ella encontramos dichos temas. Hay que destacar sobre todo la indagación en las cualidades humanas del ordenador HAL, su miedo a la muerte, sin duda un antecedente de los dilemas de David. En *I.A.* también encontramos, como en *2001*, el tema de la evolución y los ciclos vida-muerte: en ambas películas se hace referencia a cumpleaños de varios personajes (o fecha de fabricación en el caso de las máquinas), contemplamos amaneceres y asistimos a muertes y resurrecciones (en *I.A.*, por ejemplo, Martin despierta de una suspensión vital, al igual que David cuando lo encuentran los Especialistas, Monica renace clonada y vuelve a morir, la humanidad desaparece…). En las dos películas este tema se refleja visualmente con la recurrencia a las formas circulares (en *2001*, los planetas, la estación espacial, el «ojo» de HAL, el embrión final… en *I.A.*, vemos a David a través de una lámpara circular, lo vemos en la cama de David, que también tiene esa forma, en el espejo retrovisor cuando Monica lo abandona, la enorme luna falsa…).

Sin embargo, tal como hemos dicho, la diferencia principal es que la perspectiva de Kubrick era exclusivamente intelectual y distante, mientras Spielberg (a pesar de expresar intelectualmente ciertas ideas) se centra como es habitual en las reacciones de sus personajes y eso baña su película de emoción.

En esta película, las omisiones están estratégicamente usadas para que el espectador acompañe la experiencia vital de David a la vez que él, de tal manera que no se nos muestra su proceso de fabricación, el despertar del coma de Martin o la desaparición definitiva del ser humano de la faz de la tierra: toda la historia está estructurada de modo que lo importante es el recorrido emocional de David. Como en tantas películas de Spielberg, la omisión se usa para desplazar el interés de los acontecimientos a las reacciones del protagonista a ellos. Lo importante es cómo David se siente apartado con la vuelta de Martin, cómo reacciona cuando descubre que no es único, o cómo encuentra su felicidad con la Monica clonada que le proporcionan los Especialistas.

También encontramos que lo elíptico subraya el tema de la fe, del creer en lo que no se ve. Pero es precisamente alrededor de este tema que encontramos una diferencia con etapas anteriores del cine de Spielberg. Porque en *Encuentros en la tercera fase* o *E.T.* los protagonistas, Roy y Elliott, creen en seres procedentes del mundo de la fantasía, y su fe se ve recompensada al final de la historia. En *Inteligencia artificial* cambia radicalmente el punto de vista: el protagonista pasa a ser el ente fantástico, puesto que la habilidad de una máquina como David para amar es algo impensable incluso para los humanos de este futuro tan avanzado.

En el segundo acto de la historia asistimos a la búsqueda del Hada Azul, que se convierte así en el objeto de la fe de David. Al igual que en *Encuentros en la tercera fase*, el Hada Azul se identifica con la capacidad de soñar, con la fe infantil en algo superior y maravilloso. Pero si Roy Neary encontraba su versión de la misma en los ovnis y realizaba completamente su fantasía, el caso de David es mucho más ambiguo. Porque el Hada que encuentra David no es más que una representación, un simulacro. Es como un cambio de punto de vista del director, desde la propia posición del soñador a otra cercana al mismo, pero más realista y desencantada:

> Tanto *Encuentros* como *I.A.* meditan sobre el moderno cuento de hadas de *Pinocho*, pero *I.A.* es mucho más madura y agridulce [...] En *Encuentros*, Spielberg parece identificarse plenamente con las fantasías regresivas de su héroe; en *I.A.*, en cambio, adopta una visión compasiva pero objetiva de las fantasías de un niño.[188]

Resulta descorazonador (y realmente supone un cambio en el cine de su autor) el momento en que David, una vez liberado del helicóptero por los Especialistas, se acerca a la figura del Hada Azul y una vez la toca se rompe en mil pedazos. Si la película terminara

188 Gordon, A. Op. cit. p. 239.

en este momento, podríamos decir que el mensaje de *Inteligencia artificial* se situaría en las antípodas de la obra de Spielberg. Sin embargo, el polémico tramo final en que los Especialistas crean una imagen del Hada para comunicarse con David, y le conceden el deseo de volver a ver a Monica, suaviza esa percepción.

Por lo tanto, no estamos ante un relato que ocurra en una realidad en la que irrumpa algo procedente de un mundo de fantasía. Estamos en un futuro distópico, y nuestro protagonista es un ser fantástico. Su deseo se verá hecho realidad a través de la evolución científica. Además, este final feliz tiene connotaciones algo amargas: David no ha recuperado realmente a Monica, no ha regresado al hogar del que procede ni se ha convertido realmente en un niño de verdad. Monica es un clon, su existencia está limitada a un día; el lugar en el que pasan ese día es una recreación de su casa, y David ha adquirido cualidades humanas, pero sigue siendo un robot. Por lo tanto, se puede decir que es un final agridulce.

El final de *Inteligencia artificial* resulta también enigmático porque entra en el terreno de lo poético. Sabemos que el clon de Monica solo podía vivir un día, así que se duerme para no volver a despertar. Pero queda el misterio de qué le ocurre a David. La voz en *off* nos informa de que «David se quedó dormido y por primera vez viajó a donde nacen los sueños». Puesto que quedó establecido que David no podía dormir, parece que se sugiere que de alguna manera el pequeño *mecha* se une a Monica en la muerte, no queda claro si por voluntad propia, por intervención de los especialistas o por cualquier otra causa:

> El sueño en el que cae David al final es ambiguo, porque se tumba junto a la Monica muerta, y nos preguntamos, ahora que su deseo ha sido concedido a través de esta pequeña representación, qué le queda a él excepto la muerte. La película sugiere que hay objetos perdidos que nunca volverán y que hay algunos duelos que nunca se pueden resolver excepto a través de los sueños o de la muerte.[189]

---

189 Gordon, A. Op. cit. p. 240.

Aún así, Spielberg sigue defendiendo la fe como una cualidad propia de la infancia. No solo eso, sino que es algo que solo los seres humanos son capaces de hacer: «Según Spielberg, la creencia en lo invisible es una de las señas características del ser humano.»[190] Esta idea queda refrendada por un diálogo del personaje Gigolo Joe: «¡Espera! ¿Y si el Hada Azul no es real, David? ¿Y si es mágica? Lo sobrenatural es la red oculta que une el universo. Sólo los *orga* creen en lo que no puede ser visto ni medido. Esa rareza es la que separa las dos especies.»

«La creencia en lo invisible», «la red oculta del universo», «lo que no puede ser visto»... nuevamente tenemos que concluir que este tema capital en el cine de Spielberg, la magia presente en nuestro mundo pero no visible, encuentra una expresión pertinente en el uso de las diferentes formas de ocultación visual.

Y en relación con la fe, aparece de nuevo el tema de la religión, algo esencialmente humano. La búsqueda del Hada Azul por parte de David para convertirse en algo más elevado (un niño de verdad) tiene algo de religioso: «el Hada Azul representa a las figuras femeninas mágicas integrales en numerosas leyendas populares. [...] También funciona como un icono religioso, muy obviamente la Virgen.»[191] Este paralelismo se expresa literalmente en la película, cuando en Rouge City Joe y David pasan frente a una iglesia (Nuestra Señora del Inmaculado Corazón) que muestra una escultura de la Virgen en la fachada, adornada con neón de color azul. Joe explica a David que «los que nos hicieron buscan a quien les hizo». Por esta razón, resulta aún más potente el momento en que la figura del Hada Azul se rompe en pedazos cuando David la toca. Parece que revela un escepticismo hacia la idea de religión que no habíamos visto antes en su obra. Incluso podemos entrever una velada referencia en concreto al cristianismo: primero, por la referencia expresa a la Virgen; y en segundo lugar, porque cuando David se queda atrapado ante ella, la voz en *off* nos cuenta que se pasa 2000 años rogándole para que le convierta en un niño de

190 Sánchez-Escalonilla, A. Op. cit. p. 410.
191 Friedman, L. Op. cit. p. 44.

verdad. Precisamente la mención a ese espacio de tiempo parece aludir a la religión cristiana, algo que Friedman vuelve a relacionar con su experiencia en la realización de *La lista de Schindler*: «Una posición tan cínica sería impensable en las películas de Spielberg pre-*Schindler*. Quizás su renovado sentido de identidad judía inspiró una reevaluación de doctrinas cristianas básicas.»[192]

Pero como hemos explicado antes, este momento queda en cierta manera suavizado por la secuencia final. Quizás Spielberg pueda haber adoptado una actitud más cínica respecto al culto religioso en sí, pero en último término la fe tiene recompensa: los Especialistas se comunican con David en forma de Hada Azul «porque es más fácil para él» (quizás un modo de decir que las distintas religiones son formas distintas de entender la divinidad) y le permiten reunirse con su querida madre perdida. Es significativo, en cualquier caso, que este Hada Azul, objeto de fe de David, se presente al contraluz, de modo que se oculta casi enteramente su apariencia. Toda la secuencia final tiene una atmósfera irreal, sugiriendo una especie de vida después de la muerte. No en vano, David ha sido «resucitado» después de 2000 años en una suspensión equivalente a la muerte, y Monica ha sido recreada a pesar de estar muerta. El plano detalle de los ojos de David abriéndose en medio de una radiante y cegadora luz blanca remite a una resurrección.

Además de la fe, el otro rasgo esencialmente humano es el amor. Y puesto que David es capaz de amar y cree en lo que no puede ver, ¿no le convierte eso ya en un niño real?:

> El amor que da y el amor que reclama han transformado a David en un niño auténtico. Por eso, como le confesará el profesor Hobby escenas más tarde, el niño *mecha* ya encontró hace tiempo al Hada Azul. En concreto fue Monica quien activó su dispositivo afectivo: ella es el Hada de los Cabellos Turquesa.[193]

En efecto, el momento clave en la transformación de David es cuando Monica le concede la capacidad de amar.[194] El amor dota

[192] Ibídem.
[193] Sánchez-Escalonilla, A. Op. cit. p. 410.
[194] Ver Imagen 13.

de sentido al niño, igual que a cualquier ser humano: «Este gesto irreversible, que la madre realiza un poco por desconsuelo, despierta en el niño-robot una sed de lo absoluto que deberá enfrentarse a la dureza dispar del mundo en materia de sentimientos.»[195] La tragedia de David es que ese absoluto, al igual que la fe, es algo intangible, algo que no se ve, y por lo tanto permanece en el terreno de lo oculto que Spielberg subraya visualmente.

El último paso sería poder morir, como recuerda el compositor John Williams, que plasmó esa idea musicalmente: «Él logra morir al final y así alcanza su humanidad. Al morir, demuestra que es humano.»[196]

Más aún, da la sensación de que sobre todo David, pero en general todos los *mechas* de la película, son más humanos que los representantes de nuestra propia especie. David muestra un amor incondicional por Monica a pesar de que ésta lo abandone, y una fe inquebrantable en que el Hada Azul le puede convertir en un niño real. Gigolo Joe asume la protección de David, lo guía, lo educa y le ayuda en todo lo que puede. Podríamos decir que es la figura recurrente del cine de Spielberg que descubre la paternidad contra su voluntad. Teddy también muestra una gran lealtad hacia David, es el Pepito Grillo de este Pinocho mecánico. Y las máquinas del futuro, los Especialistas, son los únicos que tratan a David como el ser único y especial que es.

Por el contrario, los comportamientos humanos son mucho menos edificantes: Henry, como hemos dicho, es una figura paterna habitualmente ausente, distante y antagónica, que adquiere a David como un reemplazo de su hijo Martin para su mujer, y acaba desechándolo al primer inconveniente como si fuera un artilugio roto cualquiera. Martin coge celos de David, le engaña y le tiende una trampa para que caiga en desgracia con su madre; sus amigos también son presentados como niños consentidos y malintencionados, en contraste con el niño «no humano».

---

195 Cohen, C. Op. cit. pp. 69-70.

196 «Creando *A.I.*» Documental incluido en el Blu-ray *Inteligencia artifical.* Madrid, Warner Bros. Entertainment España, 2010.

En el segundo acto comprobamos que, en medio de las dificultades de este nuevo mundo, la humanidad ha cedido a sus más bajos instintos: en la «feria de la carne» se nos muestran masas enfervorecidas que piden violencia y destrucción. En Rouge City comprobamos que el amor ha cedido terreno ante el sexo más instintivo, un enorme contraste frente a la pureza del amor de David, que curiosamente encuentra más adecuada respuesta en Joe, un robot programado para el sexo, que en los propios humanos. Una visión del hombre muy desencantada, impensable en la obra del director antes de *La lista de Schindler*.

Pero el comportamiento humano más reprobable lo encontramos en el personaje de Monica. A pesar de que en realidad intenta evitar que destruyan a David, y que parece sufrir con su propia acción, la secuencia en que abandona a David en el bosque resulta muy impactante, más aún viniendo de una figura, la madre, que en el cine de Spielberg suele tener los matices más positivos: «Spielberg no había realizado una escena tan contundente como la separación entre David y Monica. No se trata de una ruptura fortuita, [...] esta vez se trata de la decisión de una madre, la figura que Spielberg siempre había tratado con amabilidad.»[197] A partir de ese momento, Monica desaparece de la película, se convierte en la figura ausente que sin embargo está muy presente debido al dolor de David.

Spielberg vuelve a hablar sobre la responsabilidad que supone tener hijos. La historia nos viene a contar que crear (o procrear) un ser que nos ama incondicionalmente acarrea una responsabilidad, hay que corresponder a ese amor adecuadamente. El doctor Hobby crea a David, y Monica lo transforma para siempre al activar su impronta de amor. Ninguno de ellos está a la altura de la responsabilidad de sus actos: Hobby convierte a David en un producto de consumo fabricado en masa, y cuando éste va en su busca, le niega su carácter único, renuncia a su paternidad (en cierta manera, recuerda al entrañable pero irresponsable doctor Hammond de *Parque Jurásico*). Monica activa la impronta a pesar de

[197] Sánchez-Escalonilla, A. Op. cit. pp. 405-406.

la advertencia sobre la importancia de esta acción, y lo abandona ante la presión de su marido. Sin duda marca un antes y un después en el cine de su autor: «Con esta primera madre indigna (un tema que se repetirá), se apaga una luz en la obra de Spielberg.»[198]

En cualquier caso, la acción de Monica y del resto de personajes de carne y hueso, responde al tema de la deshumanización, central en la película: «Desprovisto de amor verdadero, familia, paz, y religión, el hombre es presentado por Spielberg desde una perspectiva pesimista que realza, como paradoja, la humanización progresiva de David.»[199]

Hay quien ve la aparición de este tema como aportación de Kubrick (de hecho, aparece en muchas de sus películas), pero si tenemos en cuenta que Spielberg ya había realizado *La lista de Schindler*, *Amistad* o *Salvar al soldado Ryan*, no se puede decir que sea algo nuevo en su cine. En esta ocasión, contemplamos cómo la deshumanización conduce al mismo final de la raza humana, que sin embargo no nos muestra, al ocurrir una elipsis de 2000 años, lo cual resulta aún más duro y frío para el espectador. Es como si Spielberg, después de retratar esos horrores del pasado, lanzara una advertencia sobre el futuro, de seguir el ser humano reincidiendo en esas actitudes. Él mismo define así la película:

> *I.A.* va sobre el fin de toda la raza humana, que es sustituida por los Frankensteins que el hombre ha puesto sobre el planeta en el avaricioso esfuerzo de crear un niño que pudiera amarte. Pero el niño mismo no es humano, es casi humano. Un niño de amor sustituto es casi un crimen, y la raza humana paga por ese crimen.[200]

De hecho, resulta paradójico que esa necesidad de amor humano que experimenta David no la pueda solucionar el objeto de su amor, ya ausente, sino unos seres artificiales cuando ya no existe la raza humana.

Así, si el hombre se acerca a lo divino por medio de la creatividad, desciende a niveles por debajo de lo humano cuando no se

[198] Cohen, C. Op. cit. p. 70.
[199] Sánchez-Escalonilla, A. Op. cit. p. 397.
[200] Schickel, R. Op. cit. p.196.

hace responsable de sus creaciones: «El hombre juega a ser Dios pero carece de su mayor atributo: la bondad, unida a la capacidad de dar la vida sin pedir nada a cambio.»[201]

Asociado al tema de la deshumanización, encontramos el recurso visual de los reflejos, profusamente usados, así como la deformación o distorsión de la imagen humana. Podemos considerar los reflejos otra forma indirecta, al igual que el fuera de campo, de mostrar algo: de hecho, lo que se muestra es el efecto de algo, su imagen capturada, y no la cosa en sí.

De esta manera, los robots se convierten en reflejo de lo humano, y los comportamientos del hombre pueden ser una imagen deformada de su propia humanidad. No es por ello extraño que Spielberg encuadre el reflejo de David sobre el retrato de Martin en casa de los Swinton. También es significativo, y muy poético, el primer plano de Joe a través de la cabina del helicóptero mientras contempla a David tirarse al mar, y el reflejo del niño *mecha* asemeja una lágrima que le recorre la mejilla. El abandono de David resulta inolvidable con el plano de su reflejo en el retrovisor del coche de Monica, que lo aleja cada vez más.

En cuanto a las deformaciones, podemos mencionar el cristal esmerilado que ofrece una imagen distorsionada de David cuando Monica aún lo ve como un ser extraño, pero también podemos mencionar las máscaras monstruosas que lucen los componentes de la banda de rock en la «feria de la carne» (cuyo reflejo en un escenario de cristal vemos sobre David), o el único momento en que David cede al comportamiento celoso de Martin, y los dos se ponen a comer compulsivamente. Se provoca una avería en David que hace que su cara se deforme.

Hay otro tema que vuelve a aparecer en *Inteligencia artificial*, que es la separación familiar, el sentimiento de pérdida. Los Swinton han perdido a su hijo Martin (al menos eso creen), el doctor Hobby ha perdido a su hijo David, y el *mecha* David ha perdido a su madre. Podemos afirmar que David es un simulacro o un intento de resucitar al hijo del doctor Hobby, también actúa como

[201] Cantero, M. Op. cit. p. 331.

reemplazo de Martin Swinton, y el clon de Monica es un reemplazo de la auténtica mujer que murió unos 2000 años atrás. Este juego de clones, sustitutos y simulacros revela una ansiedad por la separación de los seres amados y la tristeza que provoca la ausencia, temas recurrentes en el cine de Spielberg.

Estas ausencias marcan la película: en ningún momento nos enseñan a David Hobby excepto en foto, a Martin Swinton (antes de despertar) solo lo vemos unos instantes a través de la escarcha de su cápsula y fuera de foco. Después de abandonar a David, Monica desaparece de la película y no sabemos más de ella ni de su familia. Esas ausencias tan «presentes», que pesan tanto sobre los protagonistas, son claves en la película. Ausencias que sólo pueden remediarse mediante simulacros, sea un clon o incluso un sueño.

Esta última idea abre de nuevo la puerta a la reflexión sobre el cine en las películas de Spielberg. Porque en sus películas y su forma de rodarlas se puede ver un intento de recuperar la infancia perdida, de cubrir esas ausencias que marcaron su vida, tal como hace el doctor Hobby o los Swinton. Pero *Inteligencia artificial* advierte sobre la responsabilidad de los creadores, sobre las implicaciones que acompañan a la réplica de la experiencia humana. Podemos vincular esto con la ambigüedad existente en *Parque Jurásico* respecto a los avances digitales en cine:

> Spielberg parece estar comentando sus propios temores acerca de las impredecibles consecuencias de su inmenso poder sobre el desarrollo de nuestro imaginario colectivo, sobre la industria fílmica de los años venideros, y el impacto que todo ello tendrá en nuevas generaciones de espectadores.[202]

Es por ello que el profesor Hobby remite de nuevo al creador de ilusiones del Parque de dinosaurios John Hammond, y al igual que él, Hobby revela también que hay una parte de responsabilidad que no termina de asumir. Al igual que un cineasta que abusa del enorme poder de emoción que pone en su mano el cine. Estos avances digitales pueden reproducir fielmente la experiencia de lo real,

[202] Navarro, A. J. Op. cit. pp. 58-63.

pero pueden suponer una pérdida de lo humano si pretende cubrir su ausencia, la misma advertencia que veíamos en *Parque Jurásico*. Un planteamiento que parece insertado en el aspecto visual de la película:

> Según el diseñador artístico, su concepción de la película consistía en una muestra de la evolución del cine, tanto en los géneros como en la técnica: primero se inicia como un drama doméstico —un estilo «Hollywood clásico», en palabras de Kaminski—, después se convertía en una mezcla de *thriller* y *road movie* con imágenes reales y digitales, para finalmente pasar al mundo completamente digital.[203]

No olvidemos que esa última fase, totalmente digital, corresponde al momento de la historia en que el ser humano ha desaparecido de la tierra.

Por último, hay que señalar que *Inteligencia artificial* vuelve a contar una historia de regreso al hogar perdido, otro de los temas recurrentes en el cine de Spielberg. En este caso es un regreso al hogar tanto en sentido literal como figurado. Para David, el convertirse en un niño real significaría poder regresar a casa de Monica y que ella le amara. El hogar es el sitio donde ha sido feliz, donde se ha sentido amado, aunque fuera durante un breve espacio de tiempo. Es por ello muy acertado que la secuencia final, cuando los Especialistas le proporcionan un día con el clon de Monica, tenga lugar en una recreación del hogar que habitaron: «Spielberg mantiene la narrativa al nivel del protagonista —¿qué ve David? ¿Cómo mira el mundo David? El mundo, para David, para cualquier niño, es su casa, y la única gente que importa son su madre y su padre.»[204] De esta manera, se completa la odisea de David.

10.2. El estilo Spielberg en *Inteligencia artificial*

-Después del prólogo, nos presentan una extraña silueta humanoide fuera de foco, y a través de un cristal mojado con lluvia. Poco a poco, el foco cambia y comprobamos que es la estatua que

---

203 Sánchez-Escalonilla, A. Op. cit. p. 387.

204 Alcott, T. «Spielberg: Artificial Intelligence: A.I. part 2», en toddalcott.com, 2008 [consultado el 23-6-2014].

sirve de logo a la empresa que fabrica robots, y la cámara, desde dentro del despacho, pasa a enfocar al doctor Hobby.

Este arranque cobra pleno sentido posteriormente, pues sabremos que frente a esa ventana ponen en funcionamiento los robots «David», y el protagonista dice que lo primero que recuerda ver es una especie de pájaro, refiriéndose a dicha silueta. La figura, que es muy similar a la de los Especialistas, los robots súper evolucionados del final de la película, viene a representar la nueva humanidad artificial. También remite al primer alienígena que se nos mostraba en el clímax de *Encuentros en la tercera fase*.

-Los Swinton van a visitar a su hijo Martin, que está criogenizado. En ningún momento nos lo muestran claramente: vemos su cápsula parcialmente bloqueada por la escarcha y el niño está ligeramente desenfocado. Parece que se subraya su estado de suspensión de vida: no está totalmente presente ni totalmente ausente, y así, se puede decir que ni está fuera de la imagen ni totalmente en ella.

-Entrada del hogar de los Swinton. Se abre la puerta, y vemos una extraña silueta semi-desenfocada y al contraluz. Remite a la imagen del logotipo de la empresa, que se asemeja a un extraño humanoide. La silueta avanza y aparece enfocada: es David.

-Monica rechaza ponerle el pijama a David: aún tiene cierta aprensión hacia el niño *mecha.* Henry decide hacerlo él, saca a Monica de la habitación y cierra la puerta. David mira a Monica a través del cristal esmerilado de la puerta, que da a su sonrisa un aspecto siniestro. De esta manera se expresa visualmente el modo en que Monica ve subjetivamente al niño.[205]

Esta extrañeza también se refleja en otra escena en que Monica está haciendo la cama: eleva la sábana, y al bajar esta descubrimos a David de pie frente a ella, mirándola. No se nos ha mostrado cómo ha llegado allí, resultando inquietante.

-Después, Monica va cogiendo confianza con David y viéndolo como su propio hijo. Esto queda confirmado en este plano, que revela a David poco a poco como si fuera la presentación de un nuevo personaje: vemos a Monica haciendo algo con las manos, pero

205 Ver Imagen 12.

David está fuera de campo, tapado por la estructura de la cama. La cámara gira y lo revela, y vemos que Monica le está poniendo el pijama. Visualmente es la presentación de un nuevo David, en cuanto a la percepción de Monica, que al fin lo ve como un niño normal, como su hijo.

-La secuencia en que Monica realiza la impronta en David por la que él empezará a amarla está rodada con un fuerte contraluz, de modo que ambos personajes aparecen como dos siluetas oscuras, y queda así enfatizada la acción con un aura solemne, subrayando la importancia del momento.

-Como hemos explicado, el despertar de Martin ocurre en elipsis, y el espectador lo percibe desde el punto de vista, tanto físico como emocional, de David: Monica, que está con David, coge el teléfono y se apoya en el quicio de la puerta. La vemos desde la posición de David: su cara queda oculta detrás del quicio, su mano se apoya sobre la pared y se contrae por la emoción. De esta manera, no solo se transmite dicha emoción sin recurrir a lo melodramático, sino que la ocultación de su rostro ayuda a intuir que Monica se va a alejar de David.

-Monica lee un cuento a Martin en la cama, pero no los vemos: estamos con David, que alejado de la redonda cama, escucha. Ha quedado fuera del círculo materno: «No hay que olvidar que en Steven Spielberg el círculo y la redondez son maternos, tranquilizadores: la nave espacial de *E.T.* es completamente redonda, la de *Encuentros en la tercera fase* es redondeada por un lado, como un pecho gigante.»[206]

-Escena de la piscina. Sacan a Martin del agua. Desde el fondo, David ve los pies de Martin, sumergidos, mientras se escucha cómo le atienden y lo intentan reanimar, pero los pies permanecen inertes. Finalmente, comienzan a moverse y retiran a Martin de la piscina: «Martin es trasladado a un lugar seguro, pero David es abandonado [...] en el fondo de la piscina. Ya no es el «hijo ideal» sino un extraño, incluso un peligro, apartado de la unidad

[206] Cohen, C. Op. cit. p. 73.

familiar.»[207] Esta idea queda subrayada por cómo enfoca la cámara el interior de la piscina en un amplio plano cenital, con el agua deformando la imagen de un David completamente solo.

-En el bosque, empieza a asomar por encima de una colina una luz blanca. Miradas de reacción de algunos *mechas* hacia el fuera de campo. Nos revelan una enorme luna, y debajo de ella, la jaula colgada, con lo cual descubrimos que es falsa. Así, Spielberg da la vuelta a ese concepto del que hemos hablado de las formas circulares como algo positivo y acogedor, algo que encaja perfectamente con el abandono de la figura materna, Monica. De hecho, es una inversión de la icónica imagen de *E.T.* de Elliott y E.T. volando en su bicicleta frente a una luna gigantesca. La misma localización del bosque había sido usada en aquella película de modo muy distinto: «El bosque, que ya fue primordial en *E.T.* por ser el lugar donde aparece E.T. y el sitio donde juegan los niños, se convierte en *A.I.* en el lugar de la perdición.»[208]

-Feria de la carne. Después de la destrucción de un robot, nos muestran un plano del público, pero no vemos ningún rostro, solo un mar de brazos levantándose al unísono, una masa deshumanizada.

-David en la fábrica de «Davids». A su lado hay una hilera de cajas con su nombre en ellas. Una empieza a moverse sola. La secuencia tiene connotaciones de cine de terror: el descubrimiento del doble, de la réplica, como en *La invasión de los ladrones de cuerpos* (*Invasion of the Body Snatchers*, Don Siegel, 1956).

-David cae al agua y comienza a hundirse. De repente, vemos que el gesto de su rostro cambia, reacciona a algo que queda fuera de campo, pero Joe lo comienza a elevar con el helicóptero. Al salir, le dice a Joe «he visto al Hada». El espectador no sabrá a qué se refiere hasta la siguiente secuencia. Es muy adecuada la ocultación en esta secuencia, puesto que el Hada es el objeto de la fe de David, y se pide al espectador que crea en lo que no ha visto.

[207] Alcott, T. «Spielberg: Artificial Intelligence: A.I. part 2», en toddalcott.com, 2008 [consultado el 23-6-2014].

[208] Cohen, C. Op. cit. p. 73.

-Los Especialistas han rescatado a David. Desde dentro de la cabina, vemos la figura del Hada Azul. Contraplano: vemos a David también a través de la escarcha y el hielo. Al igual que cuando Martin estaba en coma, se sugiere un estado de suspensión de la vida, ni totalmente presente ni totalmente ausente.

-En la conversación con el «Hada Azul» creada por los Especialistas, la vemos a ella y a David convertidos en siluetas al contraluz. Esta secuencia remite al momento en que Monica le hizo la impronta a David, ya que realmente, en ese momento es cuando en realidad se despertó su humanidad, su deseo de ser un niño de verdad ya estaba concedido.

-Al despertarse, Monica tiene el pelo cubriéndole la cara. David lo aparta con su mano. La imagen sugiere un desenterramiento, remite al momento en que los especialistas retiraron el hielo para descubrir el rostro de David.

11. *MINORITY REPORT*: SOMBRAS DEL PASADO, REFLEJOS DEL FUTURO

Título original: *Minority Report*.

Año: 2002.

Intérpretes: Tom Cruise (John Anderton), Samantha Morton (Agatha), Colin Farrell (Daniel Witwer), Max Von Sydow (Lamar Burgess), Kathryn Morris (Lara Clarke).

Sinopsis: Es abril de 2054 y el crimen ha sido erradicado en Washington, D.C. gracias a las visiones de los *precog*, tres personas que tienen capacidades precognitivas y transmiten las imágenes de los crímenes a unas pantallas. El director de *pre-crimen*, Lamar Burgess, propone que se extienda a toda la nación, aunque antes el Departamento de Justicia envía a Danny Witwer, del F.B.I. para investigar el sistema y sus posibles fallos.

John Anderton es un gran policía de *pre-crimen*, pero es adicto a la «neuroína», una nueva droga, y pasa buena parte de su tiempo libre viendo grabaciones de su desaparecido hijo Sean y de su ex-mujer.

Witwer pide ver a los *precog*, Agatha y los gemelos Arthur y Dashiell. Cuando Anderton está ya solo, Agatha se despierta y lo agarra, mostrándole las imágenes del ahogamiento de una mujer. Intrigado por el asunto, Anderton descubre que es el caso de una mujer llamada Anne Lively, una adicta a la neuroína. El frustrado asesino nunca fue identificado, y Lively desapareció. Anderton comunica a Burgess el problema.

De pronto surge una nueva predicción. La del asesinato de un hombre, Leo Crow, en 36 horas, siendo sospechoso del crimen el propio Anderton, que consigue ocultárselo a sus colaboradores, pudiendo huir antes de que den la alarma.

Anderton consigue llegar hasta la casa de la Doctora Iris Hineman, co-creadora de *pre-crimen*. Ella le explica que a veces uno de los *precog* ofrece un futuro alternativo, y debe encontrar el informe discrepante, pues aunque el archivo se destruye, el original continúa en la mente del *precog*, señalándole que el más dotado de los tres es Agatha. Pero para poder llegar a los *precog*, debe tratar de evitar que le lean la retina los numerosos *scanners* que hay por toda la ciudad, por lo que acude a un hombre que reemplazará sus ojos, que resulta ser un criminal al que detuvo tiempo atrás. Tras ello se infiltra en el edificio de *pre-crimen*, y huye con la *precog* a través del desagüe de la piscina. Anderton acude a Rufus Riley, un informático al que le pide que descargue la información almacenada en su mente. Vuelve a ver el caso del asesinato de Crow, informándole Agatha que en su caso no existe un informe en minoría, tras lo cual ella le insiste en el caso de la mujer ahogada, Anne Lively.

Van a un hotel, el mismo en que se aloja Leo Crow. Sube hasta la habitación de Crow donde descubre, esparcidas sobre su cama, cientos de fotografías de niños, y entre ellas la de Sean, el hijo de Anderton. Crow llega en ese momento y Anderton se abalanza contra él y le apunta, pero llegada la hora del crimen, en vez de disparar le lee sus derechos, momento en que Crow le pide que lo mate, pues le prometieron que si fingía que había matado a Sean le darían dinero a su familia. Al ver que Anderton no va a hacerlo, coge la mano en la que tiene la pistola, y esta se dispara.

El agente Witwer visita a Burgess y le dice que persiguieron al hombre equivocado. Tras ello le expone sus descubrimientos sobre el caso de Anne Lively, cuyo intento de asesinato fue una tapadera para después poder matarla y que pareciera la misma visión de los *precog*. Burgess entonces, al verse descubierto, dispara a Witwer con el arma de Anderton. Anderton entretanto viaja con Agatha hacia un lugar seguro, la casa de Lara, la cual, al verlos llegar llama a Burgess y le pide que ayude a John. Agatha, tras ver los juguetes de Sean, tiene una visión de lo que fue su vida y lo que pudo haber sido de no haber muerto. Agatha revela que Anne Lively era su madre, y se la arrebataron cuando vieron sus poderes. La policía aterriza y detienen a Anderton.

Burgess después se desvela por un lapsus como el asesino ante Lara. Esta va hasta el lugar de confinamiento de *pre-crimen*, obligando al carcelero a liberar a John. Burgess entretanto es homenajeado, recibiendo tras su discurso una llamada de Anderton, que le descubre que sabe que acabó con Anne Lively. Entretanto Lara consigue emitir para todos los que están en la fiesta las imágenes del asesinato de Anne Lively, en las que se ve a Burgess cometiendo el crimen. Este huye, mientras salta una bola roja anunciando el asesinato de Anderton por Burgess. Finalmente se encuentran, y Anderton le reta, pues si no lo mata se demostrará que los *precog* no son fiables, y si lo hace será su final. Burgess dispara, pero para suicidarse. Se abandona el sistema de *pre-crimen*, siendo todos los presos amnistiados y liberados.

John ha vuelto con Lara, ahora embarazada, mientras que Agatha y los gemelos son trasladados a un lugar aislado donde podrán vivir en paz.

11.1. Implicaciones temáticas

Minority Report, rodada un año después de *Inteligencia artificial*, sigue la senda tonal, visual y temática marcada por esta. Nos encontramos nuevamente con un relato de ciencia-ficción que nos sitúa en un futuro sombrío, con un tono oscuro y reflexivo. Sin embargo, *Minority Report* es una película más claramente abierta a la esperanza.

Minority Report se basa en un relato de Philip K. Dick publicado en la revista *Fantastic Universe* en enero de 1956. Dick es el autor de historias que originaron grandes películas de ciencia-ficción como *Blade Runner* (Ridley Scott, 1982) o *Desafío total* (*Total Recall*, Paul Verhoeven, 1990). El escritor retrata habitualmente futuros oscuros, distopías en las que el estado es un ente opresor que se inmiscuye incluso en los rincones más íntimos de la mente de sus ciudadanos. Así, el estreno de *Minority Report* pareció muy oportuno en 2002, en plena resaca del 11 de septiembre, y con la polémica suscitada por la «Patriot Act» y otras leyes restrictivas de las libertades en nombre de la seguridad. Aunque estos acontecimientos no influyeron en la realización de la película (el rodaje tuvo lugar entre el 22 de marzo y el 19 de julio de 2001, antes de que sucedieran los atentados del 11-S), sin duda existía un caldo de cultivo previo que da a la historia una sensación de inmediatez, de hablar del presente con una historia sobre el futuro, como ocurre con la buena ciencia-ficción, y así lo veía el propio director: «Es una historia sobre ser observado, ya que observan tu mente, observan tus ojos. Estás vigilado. Y eso no está alejado de la realidad en la que ahora nos movemos. Dentro de 52 años [...] nuestra libertad irá a menos.»[209]

Esta es la connotación política de la historia, que encontramos también en el relato original, ya que en los años 50 la atmósfera política tenía ciertos puntos en común con la del inicio del siglo XXI: «*The Minority Report* refleja y comenta la paranoia de la Guerra Fría a principios de los años 50, de la Guerra de Corea y de la era McCarthy. La película de Spielberg refleja a su vez la paranoia del estado Americano de la vigilancia en la era George W. Bush.»[210]

Aunque podría parecer que los planteamientos de Dick están muy lejos de la sensibilidad de Spielberg como autor, hay varios puntos en común entre ellos: Dick también es hijo de padres divorciados, y además perdió a una hermana, con lo cual en sus historias también suele haber separaciones familiares y ausencias. Además, siempre se centra en los efectos de los sucesos sobre los personajes,

---

209 Cantero, M. Op. cit. 118.

210 Gordon, A. Op. cit. p. 244.

muestra una preocupación por cómo la tecnología y los cambios afectan a la gente. Y al igual que en el cine de Spielberg, sus protagonistas son siempre personas corrientes. Por otro lado, como recuerda Scott Frank, co-guionista de *Minority Report*, «aunque Steven tiene una perspectiva humanista, no le da miedo adentrarse en la oscuridad.»[211]

Estéticamente la película sigue las constantes de *Inteligencia artificial*, con una cámara en constante movimiento, fotografía oscura y con alto contraste, grano forzado, y además se aplicó a la imagen un «blanqueado» para difuminar en buena medida los colores. Así habla Spielberg sobre la estética de *Minority Report*: «Quería hacer la película más sucia y fea de mi filmografía, quería que esta película fuese oscura y con mucho grano. Que fuera realmente fría y no una aventura entrañable. Es un mundo muy duro, inestable y áspero de cine negro.»[212]

Esa es la clave para entender la estructura narrativa y el estilo de *Minority Report*: Spielberg buscaba hacer una película de cine negro, con un detective, un crimen por resolver y una revelación sorprendente:

> Cuando era joven me encantaba ver los deliciosos misterios de las películas de Hitchcock. Siempre me pregunté si, algún día, yo podría hacer una versión muy oscura de *Con la muerte en los talones.* Todo este tipo de cine ha sido una gran inspiración para *Minority Report.*[213]

La película de Spielberg tiene, en efecto, puntos en común con la de Hitchcock: un protagonista en constante huida intentando demostrar su inocencia, y un mundo en que la frontera entre lo real y lo aparente parece diluirse. Sin embargo, el tono irónico y divertido del clásico de Hitchcock tiene poco que ver con el más oscuro y reflexivo de *Minority Report* (a pesar de algunos toques

---

211 «Philip K. Dick, Steven Spielberg y *Minority Report*». Documental incluido en el Blu-ray *Minority Report*. Madrid, Twentieth Century Fox Home Entertainment España, 2010.

212 «El futuro según Steven Spielberg». Documental incluido en el Blu-ray *Minority Report*. Madrid, Twentieth Century Fox Home Entertainment España, 2010.

213 Cantero, M. Op. cit. p. 119.

de humor negro, como la secuencia en la que Anderton corre detrás de sus ojos, que han salido rodando como canicas). En esos aspectos se nota más la influencia de clásicos del cine negro de los años 40, como *El halcón maltés* (*The Maltese Falcon*, John Huston, 1941), *Cayo Largo* (*Key Largo*, John Huston, 1948) o *El sueño eterno* (*The Big Sleep*, Howard Hawks, 1946).

En cuanto al aspecto visual, el cine negro, con sus claroscuros, es muy propicio para retratar la ambigüedad moral y las situaciones angustiosas:

> Complejos espacios abigarrados que engullen a las figuras; crudas y opuestas áreas de luz y oscuridad [...] luz baja sin difuminar que ilumina con dureza a los personajes; profundidad de campo extrema [...] ángulos de cámara distorsionados y desorientadores; sofocantes primeros planos que cortan parte de la anatomía.[214]

Pero también era un cine de la sugerencia, que muchas veces usaba esos ángulos oscuros para la ocultación, donde lo elíptico jugaba un papel importante.

Al mismo tiempo, tanto el diseño como la fotografía reflejan el mundo interior atormentado del protagonista, un John Anderton que puede ser el protagonista más turbio y moralmente dudoso del cine de Spielberg.

Y a pesar de afrontar el género negro por primera vez, nos encontramos indefectiblemente de nuevo con los temas habituales del cine de Spielberg: el trauma de una separación familiar (el protagonista perdió a su hijo y está separado de su mujer, Agatha fue separada de su madre), un regreso al hogar (entendido como el deseo de Anderton de recomponer su familia, algo que finalmente conseguirá) o el tema de la fe. También encontramos una figura paterna negativa (Lamar), y una reflexión metalingüística sobre el cine.

Por supuesto, las ausencias familiares evocadas en la película se ajustan al uso de la ocultación visual, pero hay otra particularidad en *Minority Report* que afecta tanto a lo narrativo como a lo visual,

---

[214] Friedman, L. Op. cit. p. 50.

y es las constantes referencias al acto de ver y a los ojos. Otro de los guionistas, Tom Cohen, así lo reconoce: «Uno de los temas es el ver, mirar hacia el futuro... [...] vista, ojos: ¿qué ves? ¿Qué ve el héroe? ¿Qué ven los *precog*?»[215] La historia trata sobre los *precog*, estos seres que ven el futuro, pero también sobre el policía que ve solo fragmentos de esas visiones y debe interpretarlos para averiguar qué va a ocurrir.

Así, encontramos que Spielberg hace plano detalle del ojo de Agatha cada vez que visualiza un crimen, y también de los ojos de Anderton al ver la predicción sobre su propio crimen; la creadora de *pre-crimen* se llama Iris; los ojos de los ciudadanos son leídos por *scanners* constantemente; Anderton tiene que cambiarse los ojos cuando se convierte en fugitivo; en el primer crimen que evita Anderton, el marido descubre el engaño de su esposa porque vuelve por sus gafas, diciendo que «no ve nada sin ellas»; su hijo introduce unas tijeras por el ojo de un retrato de Lincoln; el traficante que vende drogas a Anderton no tiene ojos; Lara, la ex-esposa de Anderton, se dedica a la fotografía; Agatha le repite a Anderson varias veces la frase «¿no lo ves?»; hay otras frases alrededor de la idea, como «los ojos de la nación están sobre nosotros», «la prisión me abrió los ojos», «para ver la luz hay que arriesgarse en la oscuridad»...

Es un tema que también se beneficia del estilo de Spielberg respecto a lo que deja al público ver y lo que no. Como dice Cohen, es una película «gobernada por visiones: la mirada y las imágenes, lo que se muestra, pero también, sobre todo, lo que se esconde.»[216]

También existe otro sentido de la palabra «ver», y es el de darse cuenta de algo, descubrir algo que está enfrente pero ha pasado desapercibido. Es el sentido doble que tiene la frase que Agatha le repite a Anderton: «¿no lo ves?» En ese sentido, Anderton es un personaje que pasa de estar cegado por su dolor y su fe en *pre-crimen* a ver la realidad.

---

[215] «*Minority Report*: del concepto a la pantalla». Documental incluido en el Blu-ray *Minority Report*. Madrid, Twentieth Century Fox Home Entertainment España, 2010.

[216] Cohen, C. Op. cit. p. 74.

Y es que si *Inteligencia artificial* sigue el modelo de *Pinocho*, *Minority Report* parece inspirarse en *Edipo Rey*, de Sófocles. Puesto que la película trata sobre el destino y el libre albedrío, seguir el modelo de una tragedia griega parece pertinente. En ambas obras encontramos un protagonista que investiga un crimen, solo para descubrir que el culpable es él mismo. También Anderton tendrá que pasar por la experiencia de sacarse los ojos. Asimismo, el momento en que la doctora Iris Hineman besa en los labios a Anderton sin razón aparente, cobraría sentido al comparar al personaje con Yocasta. Al fin y al cabo, Hineman es la «madre» de *pre-crimen*, y tiene edad para serlo también de Anderton. También cabe recordar que, en una de sus filmaciones familiares, el hijo de Anderton dice «solo mamá me besa en los labios», como si fuera una anticipación de este momento.

Pero la gran diferencia entre *Edipo Rey* y *Minority Report* estriba en el sentido último de la historia: mientras la obra de Sófocles es una tragedia en la que los personajes no pueden escapar de su funesto destino, la película de Spielberg resuelve que el destino no está escrito, que el hombre siempre tiene libre albedrío incluso para cambiar lo que parece inevitable: «Anderton se vuelve no como Edipo sino más bien como San Pablo, que persiguió a los cristianos hasta que fue cegado por la luz de Dios.»[217] Esta otra comparación equipararía a Anderton con otra figura del cine de Spielberg: al Roy Neary de *Encuentros en la tercera fase*, como se vio en el capítulo sobre la película, también se le compara con San Pablo, al tener una revelación a través de una poderosa luz relacionada con lo divino.

Centrándonos en el tema de la separación familiar, *Minority Report* presenta una novedad respecto a sus películas anteriores: esta vez la figura ausente, el personaje elíptico, no es un padre, sino un hijo. Aunque en *Inteligencia artificial* se nos presentaba al matrimonio cuyo hijo está en coma, no eran los protagonistas de la película, y en cualquier caso lo recuperaban al poco del arranque.

---

[217] Gordon, A. Op. cit. p. 252.

Esta novedad es importante: Spielberg cambia su punto de vista habitual, de niño abandonado a padre atormentado por la responsabilidad. Posiblemente tenga que ver con el paso del tiempo y cómo con la madurez, el director ha ido identificándose cada vez más con el rol paterno que con su pasado como hijo de padres divorciados. Así se infiere de sus palabras en la época del estreno de *Minority Report*:

> La idea absoluta de divorcio y la pérdida de los derechos de la familia es uno de mis mayores miedos. Y también es algo que me convierte en mejor padre y mejor esposo en mi propia vida pues, mientras me esmere en el cuidado de mi familia, podré protegerla de cuanto suceda.[218]

Anderton está cargado por un sentimiento de culpa que le lleva a tomar drogas, ver constantemente viejas grabaciones de su hijo y obsesionarse con su trabajo (como le dice otro personaje, se entrega ciegamente a *pre-crimen* porque quiere asegurarse de que nadie vuelva a pasar por lo mismo que él). Así, podemos decir que la ausencia de Sean Anderton tiene tanto peso como la de otra figura elíptica del cine del autor, el padre de Elliott en *E.T.* Anderton también encontrará una criatura fantástica que le ayudará a superar su dolor: Agatha. Al igual que E.T., Agatha tiene poderes, la capacidad de sentir lo que otros sienten, y su presencia hará que Anderton sea capaz de afrontar el dolor por la pérdida. Y también como el pequeño alienígena, Agatha es como un niño perdido, y Anderton le ayudará a recuperar su hogar.

Si recordamos el capítulo sobre *E.T.*, decíamos que el pequeño extraterrestre se convertía en una especie de sustituto que llenaba el vacío dejado por el padre ausente de Elliott. De igual manera, se establece una relación entre Anderton y Agatha que podría entenderse como paterno-filial, y que de esta manera la *precog* sirviera de sustituto temporal de Sean, como afirma Buckland.[219] De hecho, Anderton secuestra a Agatha en su tanque de agua, de manera análoga a cómo Sean fue secuestrado en una piscina.

---

218 Sánchez-Escalonilla, A. Op. cit. p. 440.

219 Buckland, W. *Directed by Steven Spielberg: Poetics of the Contemporary Hollywood Blockbuster*. Nueva York, Continuum, 2006, p. 207.

El momento catártico para Anderton llegará cuando Agatha, en la habitación de Sean, sentirá el amor que una vez albergó la casa, y comenzará a visualizar la vida que Sean habría tenido de haber podido vivir. Nuevamente Spielberg nos hace imaginar algo que no vemos: la vida truncada del pequeño Sean, relatada por Agatha, y que toca la fibra sensible tanto de Anderton y Lara como del espectador.

Destaca en esta secuencia cómo la cabeza rapada de Agatha se recorta frente a una ventana que la baña de una luz blanca, dotando al personaje de un aura sobrenatural que va en línea con el tema de la fe y lo religioso mostrado a lo largo de la historia. El propio director de fotografía, Januzs Kaminski, así lo reconocía: «Ella tiene esa cualidad angelical. Quería reflejar esa cualidad en la iluminación.»[220] Esta presentación visual equipara nuevamente a Agatha con otras criaturas mágicas y benignas del universo Spielberg como E.T. o los alienígenas de *Encuentros en la tercera fase*. Al igual que ellos, será el instrumento de sanación de las heridas del protagonista y le ayudará a reconducir su destino.

La imagen de Agatha, y su actitud al salir al mundo exterior, mirando todo como si fuera la primera vez, también la equipara con un recién nacido. De hecho, la imagen de los *precog* flotando en una especie de líquido amniótico en un tanque, y la bóveda que lo contiene (el «templo») remiten a la imagen de un feto en el útero. La salida de Agatha por el túnel de desagüe equivale a un nuevo nacimiento. Cuando ya va en el coche junto a Anderton, sin dejar de mirar el mundo exterior, pregunta si lo que está viendo está ocurriendo «ahora». Anderton también debe volver a nacer para recuperar su vida; de hecho, después de estar prisionero en un estado de suspensión vital similar al de los *precog*, en la última escena le revela a Lamar su cabeza rapada, que estaba oculta debajo de la capucha, acción que Spielberg subraya visualmente de forma significativa con un *travelling*. De esta manera, Anderton se iguala a Agatha como un ser renacido.

---

220 «*Minority Report*: del concepto a la pantalla». Documental citado.

Aunque Anderton es padre, apenas le vemos ejercer como tal en el flash-back que nos muestra el secuestro de Sean. Sin embargo, sí hay otra figura paterna en la película: Lamar, el co-creador de *pre-crimen*. Él mismo dice que ha sido como un padre para Anderton, y es por ello que el descubrimiento de su traición nos deja otro personaje paterno con connotaciones negativas en el cine de Spielberg.

De la misma manera, en Anderton encontramos otro Ulises buscando regresar a su hogar. No solo en el sentido de poder regresar a su casa una vez ha sido acusado de un futuro asesinato, sino que anhela reconstruir el hogar que quedó destruido con la desaparición de Sean. Finalmente, se completa su odisea: en uno de los planos finales lo vemos en su casa junto a su mujer Lara, que además está embarazada.

Otro tema predominante en la película, que conecta con lo oculto, es la fe, la creencia en lo que no se ve, asunto recurrente en el cine del autor. Ya en el primer diálogo que enfrenta a Anderton con Witwer, queda claro que *pre-crimen* es una cuestión de fe: ellos creen que los *precog* nunca se equivocan, que todas sus visiones son correctas, y en esa creencia se basa todo el sistema. No es extraño que a la cúpula donde residen los *precog* le llamen «templo», y uno de los ayudantes de Anderton dice que son más «sacerdotes que policías», o que haya gente que considere a los *precog* como divinidades (el dueño del salón de realidad virtual se arrodilla y santigua ante Agatha). Esto nos remite de nuevo a las tragedias griegas, ya que como resalta Sánchez-Escalonilla: «nos recuerda a los santuarios de la edad antigua donde moraban adivinas como la Pitonisa de Apolo en Delfos o la Sibila de Cumas.»[221]

Frente a este concepto determinista del mundo, Witwer opone la idea de libre albedrío. El tema de la fe también le toca de cerca, pues es católico, y le vemos besar la cruz que lleva colgada al cuello varias veces.

---

221 Sánchez-Escalonilla, A. Op. cit. p. 431.

> La oposición entre Witwer y Anderton, más allá de una rivalidad puramente estructural, refleja el mencionado dilema entre libertad y destino. [...] por un lado, el pesimismo vital de Anderton (ligado a la obsesión trágica de los antiguos griegos por conocer el futuro ya escrito) y, por otro lado, la concepción cristiana del devenir como una cooperación creativa del hombre con la Providencia a través de sus actos libres.[222]

Resulta destacable que Witwer sea el primero en poner en entredicho las visiones de los *precog*, el primero en darse cuenta de que hay algo extraño en el asesinato de Anne Lively, aunque no sea capaz de darse cuenta de que es el propio Lamar el que está detrás de todo. Quizás por eso se sigue percibiendo una actitud ambivalente hacia la religión como sistema de creencias, como ya se vio en *Inteligencia artificial*:

> La película sugiere que confiar acríticamente en cualquier sistema lleva inevitablemente a consecuencias desastrosas. En *Minority Report,* la salvación reside en la reconstitución de la conciencia individual, no en el poder del estado o en cualquier otro tipo de ser o consciencia superior.[223]

Cuando Anderton descubra que existen «informes en minoría», es decir, visiones de uno de los *precog* que contradicen la de los otros, y que por tanto ofrece un destino alternativo al posible asesino, el sistema en que creía, su mundo, se colapsará: «Anderton debe volverse ciego antes de poder ver; debe perder su camino en la oscuridad antes de poder encontrar una luz que le guiará a la redención personal y la realidad política.»[224] Nuevamente, encontramos la idea de la ceguera, del no ver, subrayada por un estilo visual y narrativo basado en las omisiones.

Spielberg juega también con lo que vemos y no vemos a través de las imágenes fragmentadas que transmiten los *precog*. Es en lo que no vemos donde está el matiz decisivo, como se comprueba en el supuesto crimen que cometerá Anderton. Pero Spielberg aplica

---

[222] Ibídem.
[223] Friedman, L. Op. cit. p. 46.
[224] Ibídem.

también esa ocultación del dato esencial en cómo rueda la muerte de Leo Crow, la de Witwer o la del propio Lamar. Nunca vemos la mano ejecutora.

Y si Agatha y los *precog* viven constantemente en el futuro, Anderton lo hace en el pasado, reviviendo en sueños el secuestro de Sean, y proyectando cada noche viejas grabaciones de su hijo y su ex-mujer, incluso llegando a hablar con ellas. Y mientras a los *precog* los tienen constantemente drogados para que permanezcan en un estado de suspensión, Anderton también huye del presente con los estupefacientes, cuando no está trabajando o mirando las grabaciones de su ex-mujer y su hijo. Esa es la ironía, dos personajes con la vista puesta en el pasado y el futuro deben ayudarse a volver al presente.

Esta idea está magníficamente expresada en una imagen de la película, en que Anderton y Agatha, fundidos en un abrazo como si fueran una sola persona, miran de perfil en direcciones contrarias.[225] Una imagen que remite nuevamente a los mitos de la antigüedad, en concreto al Jano bifronte, el dios romano que poseía dos rostros, uno viejo y otro joven, uno mirando al pasado y otro al futuro. Pero la composición también remite a la película de Ingmar Bergman *Persona* (1966), como recuerda Morris.[226] No parece por tanto casual que el personaje de Lamar lo interprete Max Von Sydow, uno de los actores fetiche del director sueco. *Minority Report* comparte con el cine de Bergman la reflexión sobre el destino, la fe y la libertad.

La idea de esta mirada constante al pasado y al futuro está también expresada en el propio estilo de la película: por un lado, como reconocen todos sus autores, *Minority Report* pretende ser una muestra de cine negro, tomando como referentes los clásicos del género: Estilísticamente, Spielberg cita la influencia de directores maestros del cine negro como John Huston, Howard Hawks y Sam Fuller. Por otro lado, la película se desarrolla en el futuro y por lo tanto se encuadra técnicamente en el terreno de la ciencia-ficción. Y curiosamente, a través de esta mezcla entre

[225] Ver Imagen 14.
[226] Morris, N. Op. cit. p. 325.

pasado y futuro, Spielberg nos cuenta una historia que reflexiona sobre nuestro presente. Y no podemos olvidar que la mirada fija en el pasado y el futuro lleva también a un estilo elíptico, ya que hablamos de tiempos ausentes, no presentes: el hijo de Anderton es un personaje elíptico, de su pasado solo quedan los efectos, y el futuro que vislumbran los *precog* puede no llegar a producirse, no son más que imágenes fragmentarias e inconexas que ocultan la verdad de los sucesos.

Otro tema recurrente que vuelve a aparecer es la auto-reflexión sobre la naturaleza del cine. Las imágenes proyectadas tienen gran importancia en la trama, tanto las visiones de los *precog* como las películas familiares de Anderton. De hecho, el propio Spielberg compara la labor de Anderton con la de un montador de cine, manejando los fragmentos de imágenes que le ofrecen los *precog*, e hilvanándolos para otorgarles coherencia narrativa. En esa comparación, los *precog* actuarían como los guionistas que proporcionan la materia prima. No en vano los nombres de los tres (Agatha, Arthur y Dashiell) homenajean a tres escritores de novela negra (Agatha Christie, Arthur Conan Doyle y Dashiell Hammet).

Pero no son las únicas imágenes que tienen importancia en la trama: en la clínica clandestina donde Anderton se cambia los ojos se ve una película de cine negro proyectada en la pared, en concreto, *La casa de bambú* (*House of Bamboo*, Samuel Fuller, 1955); también encontramos la secuencia en que nos muestran el negocio de realidad virtual con el que ofrecen a los clientes vidas alternativas a partir de imágenes proyectadas. O el diseño de la prisión, en que los condenados están en una especie de tubo y sobre su rostro se proyectan las imágenes del crimen que habría cometido de no haber sido capturado por *pre-crimen*, como si estuvieran eternamente marcados por ese crimen pretendido y no cometido. También vemos cómo este mundo futuro rodea a la gente con publicidad proyectada y dirigida personalmente a cada uno. En el fondo, la función de estas imágenes no difiere mucho de las que usa Anderton en su casa: llenar los vacíos y ausencias de los componentes de esta sociedad futura.

Lo terrible es que las imágenes sirven para condenar a la gente antes de que hayan cometido un crimen, y además descubrimos que dichas imágenes se pueden manipular o malinterpretar. Así, según Cohen, *Minority Report* es «una película desencantada sobre el poder de las imágenes para inducir a error [...] las imágenes son señuelos, solo despiertan desconfianza. Y por ello hay que examinarlas como una herida abierta.»[227] Y no olvidemos que la trampa para Anderton consiste en crear unas fotos falsas de su hijo Sean junto a Leo Crow.

Por lo tanto, da la sensación de que se repite el mensaje de advertencia sobre el rumbo del cine y la comunicación, la tecnología digital y las posibilidades que tiene, mensaje que ya está presente en *Parque Jurásico* e *Inteligencia artificial*. Algo paradójico en películas que dependen de la tecnología digital para resultar creíbles: «*Minority Report* explora los potencialmente desastrosos malos usos de la tecnología moderna, particularmente cómo la manipulación digital puede desestabilizar las imágenes visuales y abusar de ellas por razones ideológicas.»[228]

Minority Report también parece esconder un aviso sobre el tipo de sociedad pasiva a la que podemos dirigirnos con las tecnologías que nos permiten encerrarnos en nosotros mismos y vivir realidades recreadas con gran verosimilitud, un estado que al poder le interesaría fomentar:

> El hombre de 2054 vive conectado a la fantasía virtual generada por ordenador y se halla esclavizado por deseos que se extienden desde los vicios más bajos hasta las experiencias de riesgo más vertiginosas. Como los tres Pre-Cogs, los integrantes de esta sociedad futura permanecen en un estado crepuscular entre el sueño y la vigilia, en aquella dimensión cartesiana donde no existe la consciencia ni, por lo tanto, la libertad.[229]

Nuevamente, hablamos de dimensiones elípticas, realidades que no existen aunque están presentes. De hecho, en la secuencia del

[227] Cohen, C. Op. cit. p. 79.
[228] Friedman, L. Op. cit. p. 50.
[229] Sánchez-Escalonilla, A. Op. cit. p. 437.

salón cibernético vemos lo ridículos que resultan los clientes, reaccionando ante el vacío, ante estímulos que no vemos, que Spielberg nos oculta intencionadamente.

Por tanto, se puede decir que la reflexión que se hace en la película sobre el mismo cine está conectada también con los temas políticos expuestos al principio del capítulo, los límites entre libertad y seguridad, la invasión de la privacidad y la función de la mirada, de lo que se ve y lo que no.

Esta idea se plasma muy bien en la secuencia en que las arañaespía buscan a Anderton en el edificio donde se ha cambiado los ojos. Subrayando la sensación de que la privacidad ya no existe, Spielberg muestra un elaborado plano secuencia cenital, haciendo invisible el techo, en que vemos a las arañas invadiendo los distintos apartamentos del edificio, y practicando la lectura de retina a todos los habitantes, que se hallan en situaciones de máxima privacidad (una pareja haciendo el amor, un hombre sentado en el retrete, una madre con dos niños pequeños, un matrimonio discutiendo).

El director confirma sus intenciones de lectura expresamente políticas con dicho plano:

> La poca privacidad que tenemos ahora desaparecerá completamente en veinte o treinta años. La tecnología nos permitirá ver a través de paredes y tejados e invadirá nuestra intimidad personal y el santuario de nuestras familias, y estas violaciones irán en detrimento de la sociedad.[230]

11.2. El estilo Spielberg en *Minority Report*

-La película se inicia con un pre-crimen evitado por Anderton, un marido que se supone que va a matar a su mujer y el amante de esta.

El marido está agachado junto a la cama. Sobre él asoman las manos unidas de su mujer y su amante, y se escucha cómo hacen el amor. Vemos su reacción de dolor a lo que escucha. Nuevamente

230 «El futuro según Steven Spielberg». Documental citado.

el director utiliza el fuera de campo para centrarse en la reacción humana a un hecho, y no en el hecho. Y nuevamente tiene que ver con sus temas habituales, aunque estos personajes no vuelvan a aparecer: «Frank y Spielberg podrían haber elegido cualquier otro tipo de ambiente, víctimas, asesino y móvil, pero prefirieron centrar la secuencia de arranque en una familia rota y en un crimen relacionado con los celos y la infidelidad.»[231]

-El rostro de Lincoln que hemos visto en las imágenes del crimen de los *precog*. Unas tijeras atraviesan el ojo. Al abrir el plano, se descubre que es un niño haciendo una careta de cartón del presidente. Resulta un plano especialmente significativo, que juega con el tema de las profecías, ya que esas tijeras son las mismas que el marido celoso intentará clavar en su esposa. Y por la importancia de Lincoln como símbolo de los Estados Unidos y su sistema de libertades, la imagen también anticipa los temas políticos que se tratarán, y que se detallan en el apartado de implicaciones temáticas.

-*Flash-back* de la piscina. El secuestro de Sean nos lo cuenta Spielberg desde el punto de vista de Anderton, y a través de sus efectos. Sean se queda sentado en el borde de la piscina, pues va a cronometrar a su padre. Anderton se sumerge. Pasamos en ese momento a un plano del niño desde el punto de vista subjetivo de Anderton, que se cubre de agua, haciendo que la imagen se distorsione poéticamente (será la última vez que Anderton lo vea). Vemos a Anderton debajo del agua, gira la vista por un momento. Justo entonces, el reloj que tenía el niño cae dentro de la piscina. Anderton sale y ve que Sean no está.

No se nos ha mostrado la acción, ni vemos quién se lo lleva. De esta manera crea en el espectador ese sentimiento de impotencia y angustia que invade a Anderton.

-Agatha en el dormitorio de Sean, de espaldas. De repente, se da la vuelta, como si algo que no vemos la llamara. Se crea la presencia de algo fuera de campo gracias a su reacción. Se detiene frente a la puerta de un armario, señalando así la procedencia del estímulo.

---

[231] Sánchez-Escalonilla, A. Op. cit. p. 438.

Abre la puerta. Vemos el interior del armario lleno de juguetes. De nuevo el símbolo del armario infantil como lugar mágico, que atrae al ser sobrenatural: «La habitación de Sean guarda entre sus muros la misma esencia mágica que el cuarto de Elliott en *E.T.* o el de Jack y Maggie en *Hook*, y esta atmósfera contagia a la Pre-Cog hasta conmoverla, pues su pasado es tan desdichado como el de Anderton.»[232]

-Primer plano de Lamar, que escucha por su auricular a Anderton. Al decir Anderton «no estarías ahí firmando autógrafos», se revela que le está observando, y que por tanto está en el mismo lugar. Se abre el plano desde el rostro de Lamar a un amplio plano general del salón, lleno de gente. Se crea la presencia de Anderton en la mente del espectador sin necesidad de mostrarlo, una voz incriminatoria incorpórea para el culpable Lamar Burgess:

> Anderton asusta a Burgess al llamarle e indicarle que *puede verle* —no hay nada que dispare más el pánico en un hombre culpable que saber que una figura de autoridad invisible le está observando, y anuda los temas de la película, justicia y visión, ver y creer.[233]

---

232 Sánchez-Escalonilla, A. Op. cit. p. 440.

233 Alcott, T. «Spielberg: Minority Report part 4», en toddalcott.com, 2008 [consultado el 1-12-2013].

12. *LA GUERRA DE LOS MUNDOS*: UN PUNTO DE VISTA ANTE EL HORROR

Título original: *War of the Worlds.*
Año: 2005.
Intérpretes: Tom Cruise (Ray Ferrier), Dakota Fanning (Rachel), Justin Chatwin (Robbie), Tim Robbins (Ogilvy), Miranda Otto (Mary Ann).
Sinopsis: Ray, un operario del puerto de Nueva York divorciado, recibe en su casa a sus dos hijos para pasar el fin de semana con ellos: Robbie, un adolescente, muestra desagrado por estar allí y desprecia a su padre. Rachel, una niña frágil y asustadiza, parece tenerle más afecto. Ese mismo día, se forma un extraño cúmulo de nubes en el cielo, y caen unos rayos en medio del pueblo. Los aparatos electrónicos y mecánicos dejan de funcionar. Ray va al centro del pueblo, donde ha caído uno de los rayos. Desde el boquete en el asfalto empieza a agrietarse el suelo, provocando daños en los edificios cercanos. De repente, el suelo se abre del todo y surge una enorme máquina en forma de trípode, que empieza a disparar un rayo que pulveriza a la gente y destruye casas y coches.

Ray regresa a su casa y decide huir con sus hijos y llevarlos a la casa donde viven con su ex-esposa, Mary Ann, y con su nuevo marido. Roban un coche y se ponen en camino, mientras varios trípodes alienígenas destruyen el pueblo. Al llegar a la autopista, contemplan un amplio éxodo de coches y personas a pie.

Finalmente llegan a casa de Mary Ann, pero no hay nadie allí. Deciden quedarse a pasar la noche y por la mañana Ray los llevará a Boston, donde residen los padres de Mary Ann. Bajan al sótano a dormir, pero en mitad de la noche una serie de ruidos los despiertan y tienen que refugiarse en el pequeño cuarto de las calderas. A la mañana siguiente, Ray descubre la casa medio destruida: un avión ha caído en el vecindario. En medio del desastre encuentra a una reportera de televisión, que le cuenta que los trípodes están atacando todas las ciudades, y que según parece llevaban miles de años enterrados entre nosotros.
Ray se pone en camino con sus hijos de nuevo. En un momento dado, se cruzan con una muchedumbre que asalta el coche y lo roba. Entonces la familia no tiene más remedio que seguir a pie. Llegan hasta un ferry, pero es atacado por un trípode y consiguen escapar a duras penas. Después se cruzan con el escenario de una batalla campal, el ejército atacando a los trípodes detrás de una colina. Robbie decide unirse a ellos, y Ray no puede evitarlo.
Ray y Rachel intentan huir de la batalla, y son llamados por Ogilvy, un hombre que les ofrece quedarse en su sótano. Ogilvy resulta ser una persona trastornada, que planea absurdos ataques contra los alienígenas. El sótano recibe la visita de una sonda de reconocimiento y de unos extraterrestres. Ogilvy está a punto de atacarles, y Ray lo evita para no llamar su atención. Finalmente, Ray se da cuenta de que tiene que matar a Ogilvy para no poner en peligro a Rachel, y así lo hace, procurando que la niña no vea ni oiga nada.
Pero poco después, Ray y Rachel son descubiertos por la sonda extraterrestre, y tienen que salir del sótano. El paisaje exterior está totalmente cubierto de unas extrañas raíces rojas, que los trípodes riegan con sangre humana. Rachel es capturada por un trípode, y Ray se deja capturar también, no sin antes llevar consigo unas granadas. Cuando los alienígenas intentan introducirlo en el interior de la nave, él deja dentro las granadas, y al explotar, el trípode cae y Ray consigue liberarse junto a Rachel.

Finalmente, llegan a Boston, cubierta de raíces rojas. Sin embargo, la guerra parece haber dado un giro: los trípodes empiezan a fallar, ya no tienen campo protector. El ejército es ahora capaz de derribarlos. De uno de ellos sale un extraterrestre moribundo: los microbios de la Tierra han acabado por afectarles de manera mortal.

Ray llega con Rachel hasta la casa de los padres de Mary Ann, donde espera esta con su marido, sus padres, y también Robbie, que se funde en un abrazo con Ray. Tras dejar a Rachel con ellos, Ray se aleja solo.

12.1. Implicaciones temáticas

La guerra de los mundos es una película muy adecuada para cerrar este libro. Porque posiblemente sea la película reciente que encapsula más claramente el estilo de Steven Spielberg, y de manera muy constante durante toda la película.

Como hemos explicado, Spielberg se sirve en su cine de las omisiones y el fuera de campo para centrarse en los personajes, dando más importancia a las reacciones de los seres humanos frente a sucesos maravillosos o terroríficos, que a los sucesos en sí. Pues bien, nos encontramos aquí con una película sobre una invasión extraterrestre que no nos muestra las clásicas secuencias de monumentos o edificios emblemáticos del mundo siendo atacados por naves alienígenas, no nos enseñan lo que pasa en otros países, no vemos dónde está el Presidente de Estados Unidos ni asistimos a las reuniones de líderes militares. En todo momento seguimos a un pequeño núcleo familiar, Ray y sus hijos (hasta que el hijo mayor, Robbie, se separa y no lo volvemos a ver hasta el final). Una típica familia spielbergiana desestructurada: «familia y caos y caos de familia»[234] Esta elección de punto de vista propicia que nos identifiquemos más, que vivamos la invasión como lo haría una persona normal, sintiendo lo que sienten los personajes.

---

[234] Cohen, C. Op. cit. p. 91.

Así, solo presenciamos los ataques extraterrestres que sufren nuestros protagonistas en primera persona, quedando lo demás elíptico. Y para que el espectador se haga una idea de la magnitud de lo que está sucediendo más allá de su experiencia inmediata, Spielberg se ve obligado a presentarlo a través de las consecuencias de estos hechos que llegan hasta Ray y sus hijos. Pero precisamente esta limitación auto-impuesta ofrece algunas de las mejores y más terroríficas imágenes de la película: el avión estrellado en medio del barrio residencial, el río lleno de cadáveres, el tren en llamas a toda velocidad, la colina de la que bajan vehículos militares incendiados, la lluvia de ropa, las raíces rojas que cubren hasta donde alcanza la vista...

Además de estos indicios, únicamente tenemos acceso a unas imágenes de televisión en las que vemos los trípodes destruyendo una ciudad cuando Ray encuentra una reportera en medio del siniestro aéreo. Después hay otra secuencia en la que escuchamos una conversación entre dos de las personas que caminan junto a la familia protagonista. Uno dice que en Europa no están sufriendo ataques, y el otro responde que precisamente en el viejo continente están peor que en ningún sitio.

Sin duda es un estilo de narración muy inteligente, en la que el espectador siente la misma angustia que los personajes por no saber lo que pasa, no tener certezas, recibir solo rumores y escalofriantes efectos de unos acontecimientos que solo alcanzamos a imaginar. Y precisamente este estilo propicia que el espectador ponga en marcha la imaginación, que siempre alcanzará cotas más terroríficas o maravillosas que cualquier suceso que le podamos mostrar.

Aparte de esto, volvemos a encontrar los temas más recurrentes en el cine de Spielberg: el protagonista es un hombre corriente en una situación extraordinaria, la familia separada, un mal padre, un personaje que descubre su vocación de paternidad, y un viaje de regreso al hogar.

La guerra de los mundos sigue las constantes visuales de las películas de Spielberg en el siglo XXI: cámara inquieta y en mano durante muchos momentos, fotografía oscura y con alto contraste, textura granulada de la imagen. Al igual que en *Inteligencia artificial* y *Minority Report*, este estilo remite a una sensibilidad más oscura y pesimista, que muestra el autor desde mediados de los 90. De hecho, es la primera película de ciencia-ficción de Spielberg en la que los alienígenas no son seres bondadosos y sanadores, sino destructivos e invasores. Así, podemos decir que se asemejan más a las amenazantes criaturas presentes en las películas de monstruos del director (*El diablo sobre ruedas*, *Tiburón*, *Parque Jurásico* y *El mundo perdido*) que a sus homólogos interplanetarios de *E.T.* y *Encuentros en la tercera fase*. El propio Spielberg admite este matiz de género: «Es la primera vez que me tiro de cabeza a hacer una película de ciencia-ficción de terror.»[235]

Pero además, este estilo de filmación, unido al punto de vista estricto de los protagonistas, da a *La guerra de los mundos* una apariencia casi de reportaje de guerra, o como dice el propio Spielberg, de hiperrealidad:

> Visualmente, Spielberg admite que su meta era «poner a la audiencia dentro de los sucesos del film... no una vista de pájaro de lo que está ocurriendo, sino la visión de un hombre, la visión de un niño» (Press kit 14) [...] empleó una gran cantidad de planos con cámara en mano para simular el punto de vista de un individuo, así como iluminación naturalista, para crear un espectáculo que integrara sucesos sobrenaturales en un entorno visual creíble.[236]

Este acercamiento conecta con una idea fundamental para entender el planteamiento visual de la película, y el por qué de la elección de un punto de vista limitado y que nos oculta sucesos importantes. Esa idea es el subtexto político presente en la película, y que sus propios autores confiesan que es pretendido,[237] y es reflejar el terrorismo moderno, y más concretamente, evocar el recuerdo del 11 de septiembre de 2001. Unos ataques de los que

---

235 Cantero, M. Op. cit. p. 126.

236 Friedman, L. Op. cit. p. 157.

237 «Revisitando la invasión». Documental incluido en el Blu-ray *La guerra de los mundos*. Madrid, Paramount Home Entertainment España, 2010.

recordamos vivas imágenes grabadas en el momento por cámaras de vídeo en mano, y cuyo estilo vibrante parece reproducir a veces *La guerra de los mundos*. Incluso aparece expresamente un hombre grabando la aparición del primer trípode con su cámara de vídeo; tras ser desintegrado, la cámara cae el suelo y Spielberg rueda durante unos instantes el suceso a través del visor de esta cámara doméstica, ofreciendo así una plasmación visual de sus intenciones: esta película pretende, en cierta medida, ponerse en el lugar de alguien que graba unos sucesos trágicos con los que se encuentra un día cualquiera. Por supuesto, esta elección narrativa propicia que queden fuera del cuadro momentos que se considerarían importantes en otras películas, y se mostrarían con una gran riqueza de detalle.

Por otro lado, hay más referencias al 11 de septiembre: el plano con el que arranca la historia (tras el prólogo con el texto de H.G. Wells) nos muestra el lugar de trabajo de Ray en el puerto de Nueva York, y de fondo se ve la «zona cero» del 11 de septiembre, el lugar que ocupaba el World Trade Center. Después, se nos cuenta que unos dispositivos están ocultos, enterrados entre nosotros sin que lo sepamos, esperando a ser activados, igual que las células durmientes del terrorismo islámico. Tras el ataque del primer trípode, Ray acaba cubierto por la ceniza de las personas que han sido desintegradas por el rayo letal de los alienígenas, tal como mostraban las imágenes de Nueva York a los bomberos y personas que pudieron salir del alud de escombros y cenizas del World Trade Center. Se nos muestra un avión estrellado contra unas casas. Más adelante vemos tablones en los que hay colgados anuncios hechos a mano de los miles de desaparecidos, como los que recordamos en los días siguientes a los ataques terroristas. Y el propio Spielberg admite que la imagen del éxodo de gente de las ciudades está inspirada en el río de personas que cruzó el puente de Brooklyn huyendo de la catástrofe el día de los atentados.[238]

Lo realmente reseñable es que, contrariamente a lo que ocurría con sus primeras películas, donde las lecturas políticas parecían

---

238 «Revisitando la invasión». Documental citado.

accidentales, producto de la atmósfera social de la época en que fueron creadas, en esta ocasión el director es consciente de este subtexto (al igual que ocurría en *Inteligencia artificial* y *Minority Report*), da forma a la película, y de hecho fue su motivación principal para poner en marcha el proyecto: «Spielberg dijo que había hecho esta película porque pensaba que había llegado la hora de esa historia, de nuevo.»[239] La genialidad de Spielberg es usar algunas de las imágenes que plantea Wells en la novela original, como las raíces rojas que los alienígenas riegan con sangre humana, dándoles un nuevo sentido en el contexto de esta lectura actual:

> *La guerra de los mundos* es una obra atormentada, en la que Steven Spielberg [...] recorre el «suelo estadounidense» (un concepto tan invocado y tan protegido) invadido por venas de color rojo que lo hacen impracticable. Es un territorio que ya no reconocen.[240]

Poniendo esta lectura en relación con el estilo elíptico que caracteriza al director, hay que hacer notar cómo nuevamente Spielberg enfrenta a sus protagonistas con un enemigo al que no vemos durante buena parte de la película, un enemigo sin rostro, exactamente igual que ocurre con el terrorismo actual: «refleja las dificultades de la Guerra contra el Terror contra aquello que se desconoce o, simplemente, no se ve.»[241] El ocultar al antagonista es, además, la forma más eficaz de conectar con el miedo real del público actual, que no tiene el rostro concreto de un dictador o país enemigo al que odiar o temer.

Y como es habitual en el director, Spielberg no se centra en el propio fenómeno sino en la reacción humana, enfoque favorecido por este estilo visual. Así reflexiona sobre el tema del terrorismo presente en la película, dejando claro que le interesa la repercusión humana de los hechos:

> ¿Cómo nos enfrentamos a la idea de terrorismo, que es aún bastante alienígena para la psique americana? Porque hemos estado viviendo en

239 Cohen, C. Op. cit. p. 87.
240 Ibídem, p. 92.
241 Navarro, A. J. Op. cit. pp. 58-63.

una especie de burbuja de relativa seguridad y confort. Porque no hemos sufrido conflicto es nuestro suelo desde la Guerra Civil.[242]

Pero al margen de la lectura política, *La guerra de los mundos*, como hemos dicho, vuelve a mostrar constantes temáticas del cine de Spielberg. Empezando por el personaje principal: Ray Ferrier es uno de los clásicos protagonistas de Spielberg, un «hombre corriente en una situación extraordinaria». Hablamos de un operario del puerto, un hombre de clase trabajadora que ni siquiera sabe cuál es la capital de Australia. De hecho, en un reverso del personaje habitual de Tom Cruise, Ray no es un héroe que consiga salvar al mundo de la invasión alienígena. Ni siquiera lo intenta. Ray no es valiente: únicamente huye para salvar su vida y la de sus hijos, se esconde, corre, llora... Solo muestra rasgos de heroísmo hacia el final, cuando uno de los trípodes se lleva a Rachel y él provoca su propia captura.

Ray Ferrier presenta otro rasgo característico de muchos personajes masculinos en el cine de su autor: adolece de una cierta inmadurez. Es un hombre que aparenta estar avanzado en la cuarentena (tiene ya un hijo en el instituto) y parece vivir como un adolescente, rehuyendo las obligaciones y con un funcionamiento doméstico muy desordenado. El propio Spielberg cuenta cómo al crear el personaje, entendió que esa inmadurez fue el factor clave en la ruptura familiar: «Ella quería que se implicase más en la familia, y él era demasiado infantil para hacerlo, y el matrimonio fracasó.»[243]

Por supuesto, como pasa con muchos de estos personajes en películas anteriores, Ray tiene un arco de transformación por todas las experiencias que va viviendo en la película, y deberá madurar a lo largo de la aventura para proteger a su familia.

Ray también representa un nuevo ejemplo de mal padre en el cine de Spielberg. Tiene la custodia de sus hijos para el fin de semana y llega tarde. No tiene comida en el frigorífico, le dice a la pequeña Rachel que encargue algo ella misma. Se echa a dormir

242 Schickel, R. Op. cit. p. 226.

243 «Personajes: la unidad familiar». Documental incluido en el Blu-ray *La guerra de los mundos*. Madrid, Paramount Home Entertainment España, 2010.

mientras su hijo ha cogido su coche. No tiene una comunicación fluida con ninguno de los dos, especialmente con Robbie, que dice literalmente que odia estar allí.

Pero Ray se acaba convirtiendo en otra figura clásica del cine de Spielberg: el hombre que descubre su vocación de paternidad durante una situación extrema. Al igual que el doctor Grant en *Parque Jurásico* o Peter Banning en *Hook*, Ray encontrará su instinto paternal debido al sentimiento de protección que despiertan sus hijos en él. En especial la desvalida Rachel, una niña impresionable y frágil. No es casualidad que, como hemos dicho, el heroísmo de Ray aflore en los momentos de máximo peligro para su hija.

Finalmente, Ray supera su inmadurez y limitaciones, y consigue llevar a Rachel sana y salva hasta la casa de sus suegros en Boston, donde espera Robbie junto a su ex-mujer Mary Ann y el marido de esta. Spielberg completa nuevamente una historia de regreso al hogar, entendido como el lugar físico en el que dejará a Rachel, pero también la reconstrucción de sus relaciones con su ex-mujer y sus hijos. La experiencia ha servido especialmente para reconciliarse con Robbie, como queda expresado en el abrazo entre ambos (en la primera aparición de Robbie en la película, Ray le reprochaba que no le diera un abrazo al llegar a su casa, así que este momento es una culminación de la relación entre ambos), pero el final es agridulce, porque Ray no podrá disfrutar de este hogar recompuesto. Este final evoca indisimuladamente un momento icónico de una de las películas de cabecera para Spielberg:[244] «En los momentos finales del film, lo vemos quedarse solo, una imagen con fuertes reminiscencias a Ethan Edwards (John Wayne) al final de *Centauros del desierto*, un hombre que vuelve a reunir a la familia, pero no puede unirse a ellos.»[245] En ambas películas, la cámara enfoca al protagonista desde el umbral de la casa que no pisará, dejando el espacio familiar fuera de campo, vetado para el personaje que lo ha reconstituido, y que se aleja en soledad.

---

244 Heilemann, M. «The Searchers», en kitbashed.com, 2013 [consultado el 21-3-2015].

245 Friedman, L. Op. cit. p. 155.

Ese desenlace agridulce para el protagonista está en consonancia con las sensaciones que deja la victoria sobre los alienígenas, después de que hayamos visto de qué es capaz el hombre en situaciones desesperadas. Así, como recuerda la productora Paula Wagner, aunque al final de la película nos libramos de los extraterrestres, la humanidad se queda sola frente a sí misma, después de verse en un espejo no demasiado favorecedor: «Somos más peligrosos para nosotros mismos que cualquier enorme invasor extraterrestre.»[246] Por ello podemos decir que el futuro que aguarda a la humanidad después del final del relato es, cuanto menos, incierto.

Y es que si hemos visto cómo la película sigue la senda visual más oscura y cruda de *Inteligencia artificial* o *Minority Report*, también se sigue percibiendo ese mayor pesimismo que muestra Spielberg en sus historias en este arranque de siglo (que en el fondo es lo que justifica dicha estética), y en realidad desde que rodó *La lista de Schindler*. Película con la que también podríamos encontrar similitudes, pues además de en los sucesos del 11 de septiembre, *La guerra de los mundos* se inspira en la iconografía de la II Guerra Mundial (otro de sus temas siempre predilectos), y más concretamente, el Holocausto judío:

> Resuenan las palabras «exterminio» y *«we're under attack»* (nos atacan), el Holocausto y el 11 de septiembre. La guerra de los mundos es un intento desesperado de mezclar toda la imaginería de las catástrofes del siglo XX y principios del XXI. Spielberg por fin dio con la distancia correcta e hizo desfilar las imágenes de un siglo ante los ojos de un hombre.[247]

Otra constante que *La guerra de los mundos* parece arrastrar desde la anterior película fantástica de su autor, *Minority Report*, es las referencias a la visión, a los ojos, a lo que se ve y lo que no. Es, por supuesto, un tema asociado a la realización basada en la ocultación. Ya desde el arranque, la voz en off de Morgan Freeman nos cuenta que los extraterrestres nos han estado «observando y estudiando» desde siempre, «del mismo modo que un hombre con un microscopio». Uno de los artilugios

---

246 «Revisitando la invasión». Documental citado.

247 Cohen, C. Op. cit. p. 91.

que emplean los alienígenas es una sonda con un ojo mecánico, a la que Ray y Ogilvy se enfrentan. El propio Ogilvy le cuenta a Ray que, según su experiencia como conductor de ambulancias, los pacientes que logran salvarse son «los que mantienen los ojos abiertos». Pero el tema se articula sobre todo a través del personaje de Rachel: su mirada inocente e impresionable es algo que se debe proteger, hay que ocultarle el horror, y así lo entiende Ray. Hay varias muestras de esta idea: en la secuencia de los cadáveres flotando en el río, Ray aparece por detrás y le tapa los ojos. Cuando van a salir del sótano de casa de Mary Ann, Ray le pide a Rachel que cierre los ojos para que no vea el avión estrellado en su casa. Y sobre todo, la secuencia más significativa ocurre en el sótano de la granja, cuando Ray entiende que tiene que matar a Ogilvy para evitar que les ponga en peligro, y antes de hacerlo venda los ojos a Rachel y le pide que se tape los oídos y cante una canción. Spielberg actúa de forma parecida con el público, sucediendo el asesinato en fuera de campo, en una habitación contigua, y permaneciendo la cámara con Rachel durante toda la angustiosa escena: «En vez de mostrar el hecho físico violento en sí, el director confía en la reacción de un personaje y en la imaginación del público.»[248]

Quizás la película, que como se ha visto refleja el miedo relacionado con el 11 de septiembre, ofrece una reflexión con este tema de la visión, del horror que nos dejan ver y el que no, y de preservar la mirada inocente de todo ello. Una reflexión sobre la fascinación que nos causa el horror y la destrucción, un elemento fundamental más del terrorismo de esta era digital y global. Aquel día de 2001 muchas personas se quedaron pegadas a la televisión viendo cómo progresaba la tragedia en tiempo real. ¿Habría sido más sano que hubiéramos podido dejar fuera de campo ciertas cosas, que nos hubieran vendado los ojos como Ray a Rachel? La idea parece flotar en *La guerra de los mundos*, ya desde el momento de la aparición del primer trípode: «Tom Cruise mezclado entre la multitud vive la petrificante experiencia de la fascinación y se siente incapaz de apartar los ojos del terror»[249]

---

[248] Friedman, L. Op. cit. p. 156.
[249] Cohen, C. Op. cit. p. 87.

Así, podemos conectar este tema con películas anteriores de Spielberg como *Encuentros en la tercera fase* o *E.T.*, donde se daba un valor primordial al punto de vista de los niños, a la mirada y la imaginación infantil. Aquellas eran películas impregnadas de esa visión inocente. *La guerra de los mundos* no adopta esa mirada infantil, muestra el punto de vista de un director más maduro, más desencantado y pesimista, pero que aún concede valor a preservar esa mirada de los niños.

Otro ejemplo de la importancia de lo oculto está en la resolución. Cuando Ray y Rachel llegan a Boston, se encuentran con los últimos estertores de los invasores extraterrestres. No hemos presenciado cómo ha empezado esa derrota, pero igualmente, tampoco podríamos haber visto la clave, que son las bacterias que viven en el planeta Tierra, para las que los alienígenas no tienen protección. Son el factor no visible que acaba provocando el final, del que solo vemos los efectos. Un final que respeta el que narra H.G. Wells en la novela original, pero que sin duda se ajusta como un guante al estilo de Spielberg. Lo que sí cambió el director respecto a la novela es la idea de que los trípodes estaban ocultos bajo tierra desde hace siglos, y los alienígenas los activan mandando al piloto desde el firmamento. Como se ha explicado, se puede entender esta idea como un reflejo de las células terroristas durmientes. Pero también es un nuevo ejemplo de la idea que ya estaba presente en *El diablo sobre ruedas* o *Tiburón*: que el mal está oculto muy cerca de nosotros, acechando el momento propicio para atacar. Si Spielberg giró a una posición más optimista con *Encuentros en la tercera fase* y *E.T.* respecto a lo que hay «ahí afuera», en este nuevo siglo vuelve la sensación de miedo, y más cruda que nunca. Y la expresión narrativa y visual de este miedo al mal que está oculto en nuestro mundo encuentra su mejor vehículo en la omisión.

También hay que señalar cómo nuevamente en este nuevo siglo, Spielberg parece desconfiar de la religión como solución a los males del mundo. Si en la versión de 1953 de *La guerra de los mundos* (*The War of the Worlds*, Byron Haskin) los alienígenas empezaban a morir después de atacar una iglesia en la que se refugiaban los protagonistas para orar (sugiriendo así una intervención divina), la versión de 2005 parece que quiere dejar claro desde el principio que las cosas son diferentes, pues uno de los primeros edificios en caer destrozados es precisamente una iglesia, justo antes de aparecer el primer trípode. Sin embargo, Spielberg mantiene en la voz en *off* del final la referencia divina: «Fueron deshechos, destruidos, después de que todas las armas y recursos del hombre habían fallado, por las criaturas más diminutas que Dios en su sabiduría puso sobre esta tierra.» Lo cual parece indicar, al igual que en *Inteligencia artificial*, que a pesar de mostrar un cierto desencanto con las religiones, la creencia en un ser supremo e invisible sigue estando presente en su cine.

12.2. El estilo Spielberg en *La guerra de los mundos*

-Ray sale a su patio trasero, mirando en la dirección de las extrañas nubes. Sus vecinos también. Vemos los efectos del fenómeno: la ropa tendida ondeando violentamente, hojas y papeles volando. En un momento dado, todo se para de golpe. Empiezan unos relámpagos que no vemos, sino sus reflejos y las reacciones de Ray y Rachel, que se asustan. En la secuencia destaca el uso dramático de un espacio familiar como es una comunidad de vecinos y elementos cotidianos como la ropa tendida:

> Para Spielberg, los sucesos fantásticos funcionan mejor cuando se sitúan en un contexto que el público puede identificar fácilmente como un lugar común. Crea miedo e identificación al inyectar sucesos que alteran la vida en un mundo reconocible y aparentemente estable.[250]

-La secuencia de la aparición del primer trípode está narrada principalmente a través de los efectos que produce su salida desde dentro de la tierra y su puesta en marcha como máquina de destrucción mortífera. De esta manera, el espectador vive el suceso «a pie de calle», acompañando al protagonista, que sufre esos efectos de forma realista, más que desde un planteamiento que busque el

[250] Friedman, L. Op. cit. p. 157.

punto de vista más espectacular. Toda una declaración de principios establecida desde lo visual:

> Spielberg filma la escena con todo el pánico, desorden de cámara en mano, y caos espontáneo de un documental. Si nosotros como público vamos a ser testigos de la muerte de la humanidad, está diciendo que deberíamos experimentar ese horror desde la perspectiva de los que están siendo atacados, no desde la privilegiada posición de una vista de ojo de Dios. Ni una sola vez en *La guerra de los mundos* nos maravillamos por lo espectacular de la violencia: estamos más horrorizados por sus épicos niveles de destrucción y por el coste que tiene en vidas de hombres, mujeres y niños inocentes.[251]

Ray y la gente en el centro del pueblo, donde cayó el rayo. Empieza a sonar un fuerte ruido grave. El asfalto empieza a agrietarse. Las grietas llegan hasta un edificio, cuyos cristales se rompen, y cuyas paredes empiezan a agrietarse también.

Se produce un temblor. Los coches botan. Se levanta el suelo.

Empiezan a romperse cristales por todo el pueblo. Las grietas llegan a la Iglesia, que se rompe en dos. Empieza a salir agua del suelo. Se cae la torre de la Iglesia. Se hunde el suelo frente a la Iglesia. Coches salen volando. Del gran boquete sale, al fin, el trípode alienígena.[252]

Un hombre graba lo que ocurre con una vídeo cámara. De repente, el trípode empieza a lanzar rayos que desintegran a las personas. Vemos caer al suelo la vídeo cámara del hombre, y vislumbramos la catástrofe a través de su visor, como un vídeo casero.

Ray huye, se mete en una tienda. Un coche entra lanzado por el escaparate. Ray sale a la calle de nuevo. Las casas explotan a ambos lados de la calzada, apenas podemos ver parte de lo que ocurre alrededor:

> Spielberg rueda el desastre como rueda la invasión de Normandía en *Salvar al soldado Ryan.* Nos mantenemos pegados al protagonista y apenas vislumbramos los alucinantes horrores que se desatan a su alrededor mientras lucha por sobrevivir en un escenario imposible.[253]

---

[251] Kipp, J. «Film Review. War of the Worlds», en slantmagazine.com, 2005 [consultado el 3-7-2014].

[252] Ver Imagen 15.

[253] Alcott, T. «Spielberg: War of the Worlds part 1», en toddalcott.com, 2008 [consultado el 3-3-2015].

-En el coche, Rachel va en el asiento trasero. Se ve un destello por detrás de ella. La niña se da la vuelta. Corta a: primer plano de Rachel, reaccionando a algo que ve fuera de campo. Abre los ojos con asombro, se tapa la boca y se le saltan las lágrimas.

En este momento de la película ya se ha visto el primer ataque de los trípodes, así que el espectador ya sabe lo que pueden ocasionar, por ello es más eficaz contarlo a través de la reacción de la niña, y marca la tendencia de la película (y en general del cine de Spielberg), de centrarse en las emociones humanas, siendo el miedo la primordial en esta película:

> La siempre repentina aparición de los *aliens* provoca violentas respuestas emocionales... Cada vez que se presenta un gigantesco trípode marciano, el encuadre casi se estremece literalmente de miedo, mientras ignoramos realmente lo que está pasando o dónde pueden ocultarse las víctimas...[254]

-Nuevamente, Spielberg se centra en sus protagonistas y es a través de los efectos que perciben nada menos que un avión estrellándose contra la casa de Tim y Mary Ann:

Ray duerme en el sótano. Le despierta un ruido. Unas ramas que están junto a la ventana se mueven por algún motivo, rozando el cristal. Una gran cantidad de polvo empieza a golpearlo. Sobre la cara de Ray aparece una luz. Se escucha un ruido fuerte.

Otro gran ruido. Se caen las herramientas que estaban colgadas en la pared. Se caen objetos de las estanterías. Se rompe la ventana. Ray y los niños consiguen llegar hasta la puerta que da a las calderas. Al cerrar la puerta, asoma un fuerte destello desde el otro lado, acompañado de un estruendo.

A la mañana siguiente, Ray se asoma al sótano: está completamente destruido. Sube las escaleras, hasta llegar al salón. Se empieza a abrir el plano y se revela que hay un motor de avión incrustado en el salón, y las paredes han desaparecido.[255] La cámara sigue avanzando y nos muestra los restos de todo el avión esparcidos por la calle.

---

[254] Navarro, A. J. Op. cit. pp. 58-63.

[255] Ver Imagen 16.

-Le han robado el coche a Ray. Él y sus hijos entran en un café. Por el ventanal se ve el coche intentando avanzar entre la muchedumbre. Suena un disparo, el coche se para. La gente lo asalta. El no haber visto el asesinato en sí ni los rostros, sino simplemente una masa de gente actuando violentamente, hace el momento más escalofriante. En palabras de Spielberg: «Realmente es sobre la mentalidad de masa —esa especie de miedo colectivo es un animal peligroso. ¿Qué haremos como sociedad que se convierte en una masa huyendo por nuestras vidas colectivas, posiblemente al coste de la vida de otros?»[256]

-Otra imagen cargada de fuerza que sirve para que entendamos que están pasando sucesos terribles mientras seguimos a esta familia, aunque no se nos cuente exactamente cuáles: el grupo llega a un paso a nivel frente a unas vías de tren. Suenan unas campanas y bajan las barreras. Se oye un sonido grave que se acerca. De pronto, pasa a toda velocidad un tren que va envuelto en llamas. No se nos contará qué le ha pasado y cómo ha llegado a esa situación, pero la imagen transmite la idea de caos total.

Ayuda al espectador a expandir mentalmente el campo de acción de la película, como explica el propio Spielberg:

> La idea era simplemente sugerir que está sucediendo mucho más que no estamos mostrando al público, que hay otro mundo entero siendo destruido cinco millas en esa dirección y que hay una ciudad siendo demolida diez millas en otra dirección. Hay todo un tipo de cosas que están siendo afrontadas por otros padres y madres, porque quería que la gente pensara que era una historia más grande que la de esta familia.[257]

-En la secuencia del ferry, Spielberg usa las aves para establecer el suspense de que se acerca un ataque. Rachel escucha el sonido de unos pájaros, y mira al cielo. Ve unos pájaros huyendo. Rachel mira en la otra dirección: unos árboles se mueven. Rachel coge la mano de Robbie. Ray se gira. Todos se giran. Aparece el trípode.

---

[256] Schickel, R. Op. cit. p. 226.
[257] Ibídem, p. 231.

-Robbie mira hacia arriba. Empieza a «llover» ropa. Puesto que hemos visto cómo la ropa sale volando cuando las personas son calcinadas por los trípodes, la imagen es un escalofriante recuerdo de la gente que está muriendo.

-El grupo llega hasta una zona donde los militares están combatiendo a los alienígenas. De repente, vemos rodar unos *jeeps* colina abajo envueltos en llamas y sin ocupantes.

-Uno de los momentos más potentes cinematográficamente hablando es el asesinato de Ogilvy por parte de Ray, que ocurre fuera de campo. El personaje de Rachel servirá de punto de vista al espectador, ya que Ray la deja en otra habitación e incluso le venda los ojos para protegerla de ese horror (al igual que hace con el propio espectador). También usa la ocultación para crear la atmósfera ominosa adecuada, como veremos:

Ogilvy cava un túnel. Por detrás de él, en el marco de la puerta, aparece la silueta de Ray, totalmente oscura y amenazante. Ogilvy se detiene, como si hubiera presentido el peligro, y se da la vuelta.

La cámara se sitúa en la habitación contigua. Ray cierra la puerta y así, el espectador se queda fuera de lo que ocurre. Un leve *travelling* hacia la puerta enfatiza la sensación dramática de lo que no estamos viendo.

Pasamos a un plano de Rachel sentada con los ojos vendados. Se tapa los oídos y canta, como le ha dicho su padre. Sobre su canto, escuchamos los sonidos de una violenta pelea. El gesto de la niña cambia, reflejando el horror de saber lo que su padre está haciendo.

Plano detalle de la base de la puerta. Se abre, y vemos los pies de Ray que salen, andando lentamente.

-El último plano de la película resume visualmente la idea final: cómo los seres más pequeños (invisibles, de hecho) resuelven la situación: vemos un plano general que muestra la derrota de los alienígenas. Una vista de la ciudad con trípodes derribados por todas partes. En primer término hay un árbol que está calcinado, excepto por una sola hoja. La cámara se acerca a la hoja, que tiene unas gotas de agua encima. Nos concentramos en una de las gotas de agua. Entramos dentro de la gota, en vista microscópica. Se nos muestran las bacterias.

13. EPÍLOGO

Este libro nos ha proporcionado una amplia perspectiva de la carrera de Steven Spielberg. En este recorrido hemos aunado el estudio de las formas narrativas y cinematográficas de la obra de Spielberg, los temas recurrentes en sus historias, y las posibles relaciones con acontecimientos de su biografía. Entendemos que las tres dimensiones están unidas, que las formas cinematográficas van más allá de una simple cuestión de estilo, y que ofrecen una perspectiva personal del director, una visión concreta del mundo y una ventana a su universo interior. Al mismo tiempo, estas formas transmiten una serie de temas que se repiten de modo consistente a lo largo de la obra del autor, y a su vez estos temas reflejan las inquietudes personales que proceden, como el mismo Spielberg admite, de las experiencias vividas.

La modesta aportación de esta obra quizás sea la detección y estudio de las diferentes formas de ocultación visual que Spielberg utiliza en su cine. Hemos comprobado cómo se da un uso consistente de dicho recurso a lo largo de las películas estudiadas, produciendo momentos de cine puramente originales y muy característicos del director (por ejemplo, las alteraciones físicas producidas por el primer ovni que ve Richard Dreyfuss en *Encuentros en la tercera fase*, los columpios moviéndose que indican que E.T. acaba de pasar, o las vibraciones en el vaso de agua que anuncian la llegada del Tiranosaurio en *Parque Jurásico*). Por tanto, podemos afirmar que es un rasgo de estilo claramente diferenciado en el cine del autor.

Al mostrar primero los efectos (y a veces solamente los efectos), se crea un interés del espectador por saber de dónde proceden dichos efectos, mientras que si se mostrara primero la causa, el efecto es más predecible. Es un modo de añadir un pequeño suspense en tramos de narración en los que podría decaer el interés del espectador. También se cambia el foco de interés de una acción: en vez de la acción en sí, lo que interesa es el efecto que produce en el personaje. Es un modo de narrar más interesado en lo humano.

Se aprecia una influencia de dicho recurso en ciertas películas de algunos de sus «discípulos» de la época dorada de la productora Amblin, como Robert Zemeckis (*Regreso al futuro*) o Joe Dante (*Gremlins*), y también en algunos directores de la siguiente generación, que crecieron con el cine de Spielberg y admiten su influencia, como M. Night Shyamalan (*Señales*) o J.J. Abrams (*Super 8*, 2011, producida por Spielberg).

También se han establecido unos usos de las omisiones intencionados y específicos en algunas de las películas: en *El diablo sobre ruedas* se oculta el rostro del conductor del camión que intenta asesinar al protagonista; en *Tiburón* no se muestra al escualo titular durante buena parte del metraje; en *E.T. El extraterrestre* no vemos el rostro de los personajes adultos (a excepción de la madre de Elliott) justo hasta el momento en que E.T. muere; en *Always (para siempre)* se juega a hacer el espíritu del protagonista, Pete, visible o invisible al público según convenga a la escena; en *Inteligencia artificial* abundan los elementos cuya visibilidad está oscurecida, distorsionada o parcialmente bloqueada.

Asimismo, es un recurso integral en la estrategia narrativa que Spielberg suele emplear en el género fantástico, en que debe presentar elementos ajenos a la realidad de forma que el espectador los pueda aceptar como verosímiles, y dotarlos a la vez de un aura de misterio.

Hemos comprobado también que en muchas ocasiones es simplemente la forma natural que tiene el director de presentar un momento intrascendente o puramente argumental: es ya un modo de narración asimilado en su cine. Incluso en películas no planificadas de antemano con *storyboard*, y por lo tanto más espontáneas en su planteamiento visual, se pueden encontrar ejemplos de esta forma de narrar.

Así, podemos afirmar que el fuera de campo y demás formas de ocultación visual está arraigado como un instrumento fundamental en la forma de narrar de Steven Spielberg, es un elemento natural en su discurso de expresión visual, y por lo tanto debemos considerarlo una de las claves principales para entender la visión del mundo que el director expresa a través de su cine. De hecho, es un recurso íntimamente ligado a los temas recurrentes de su cine, que a su vez remiten a las experiencias biográficas que el director admite como formadoras de su persona y su arte.

Las películas del director se centran en buena medida en los personajes: la repercusión de los acontecimientos sobre sus vidas, sus emociones y sentimientos tienen más importancia y reciben más atención que los propios acontecimientos en sí. Podemos usar como ejemplo *Encuentros en la tercera fase*, donde abundan más los planos de reacción de los distintos personajes que los que muestran a los ovnis, incluso en algunas secuencias no los muestra en absoluto.

Así, atendiendo a cómo están narradas las películas, resulta claro que *El diablo sobre ruedas* y *Tiburón* tratan sobre cómo dos hombres débiles afrontan sus respectivos miedos y dan un paso a la madurez; *Encuentros en la tercera fase* es en realidad la historia de un hombre que recupera la fe de su infancia y da un vuelco a su vida; *E.T.* cuenta cómo un niño supera la tristeza por el divorcio de sus padres; *Always* se centra en cómo un hombre debe asumir la pérdida del amor de su vida; *Parque Jurásico* es la historia de un hombre que supera su cerrazón a la vida, y descubre su vocación de padre; *Inteligencia artificial* cuenta los efectos que tiene en un niño el ser amado y después abandonado; *Minority Report* nos presenta la sanación de un hombre triste cuya mirada está fijada en un pasado feliz; *La guerra de los mundos* muestra cómo una familia restaña sus heridas en medio de una crisis.

Las sinopsis oficiales podrán centrarse en que son historias sobre camiones, tiburones o dinosaurios asesinos, extraterrestres benéficos o malignos, espíritus, robots o policías del futuro, pero como decimos, la forma de narrar estas historias hace que los elementos de género o argumentales queden subordinados a lo que de verdad interesa al director: la repercusión de esos hechos en sus personajes. De esta manera, además, consigue una mayor implicación del público en la historia, mediante la identificación con los protagonistas, que suelen ser personas corrientes.

El estilo elíptico también ayuda al director a transmitir la idea de que en el mundo que nos rodea existen realidades ocultas a nuestros ojos, pero que influyen en la realidad visible. Es por ello que el recurso brilla especialmente en las películas de género fantástico, que son las que se han abordado en este libro: con este estilo visual, el espectador debe utilizar su imaginación, lo cual es muy apropiado para los temas que tratan dichas películas.

Así, la América desértica y rural es el espacio hostil en el que acecha el camión monstruoso que pretende asesinar al pusilánime y civilizado David Mann; el misterioso fondo del mar oculta un leviatán diabólico que pondrá a prueba al hidrofóbico jefe Brody; de los mágicos cielos nocturnos descienden los angelicales extraterrestres que devuelven a Roy Neary su creencia infantil en lo maravilloso; del mismo lugar del que procede E.T., que responde a las plegarias del pequeño Elliott; Pete puede al fin declararle su amor a Dorinda desde el mundo espiritual; el frondoso y salvaje parque donde habitan los monstruos jurásicos que harán que Alan Grant deje que la vida se abra camino; el entorno mágico que recrea un hada azul cibernética ofrecerá al pequeño *mecha* David la posibilidad de sentirse un niño de verdad; el «templo» en el que los maravillosos *precog* son capaces de ofrecer una visión del futuro; los temibles trípodes alienígenas escondidos durante siglos bajo nuestos mismos pies.

Y el cine de Steven Spielberg está también repleto de personajes ocultos, ausentes durante toda la película o parte de ella, pero en cualquier caso son ausencias que tienen influencia sobre la historia y los personajes, son figuras que se hacen presentes por el peso que tiene su ausencia: Barry durante buena parte de *Encuentros en la tercera fase*, el padre de Elliott en *E.T.*, el propio protagonista Pete en *Always*, los padres divorciados de Alex y Tim en *Parque Jurásico*, David Hobby, Martin Swinton y Monica Swinton en distintos momentos de *Inteligencia artificial*, el hijo de John Anderton en *Minority Report*.

En estas películas en las que son tan importantes las ausencias, en que los personajes viven con el peso constante de la persona que falta, el recurso del fuera de campo, aunque sea en momentos argumentales sin trascendencia, refuerza esa sensación de vacío, crea una atmósfera visual de lo ausente alrededor del personaje afectado. Aunque sea de forma inconsciente, se hace ver al espectador que ciertos elementos se hacen presentes aunque no los vea, reforzando así lo temático con un recurso visual. El mejor ejemplo de esto lo encontramos en *E.T.*: Que durante buena parte de la película no se nos muestre el rostro de los personajes adultos masculinos no hace más que subrayar la ausencia del padre de Elliott (el niño vive en una realidad cinematográfica carente del rostro de un hombre adulto), al que se alude en diálogos, cuya ausencia se hace notar en el retrato del hogar de Elliott, pero que no llega a aparecer en ningún momento de la película.

Y enlazando con las ausencias, las separaciones familiares y la búsqueda del retorno al hogar son temas recurrentes que encontramos en las películas del director. Hemos comprobado, de hecho, cómo estos dos temas están relacionados entre sí, pues muchas veces ese regreso al hogar es metafórico, referido a una reconstrucción de la familia, además de un retorno a un lugar físico: En *E.T.*, el pequeño extraterrestre intenta regresar a su planeta, mientras Elliott quiere recomponer su hogar roto por el divorcio. En *Inteligencia artificial*, el robot David pretende regresar a casa de los Swinton convertido en un niño real para recibir el amor de Mónica. En *Minority Report*, John Anderton anhela reconstruir la familia que perdió con la desaparición de su hijo Sean, y Agatha recuperar la vida normal que le robaron al asesinar a su madre. En *La guerra de los mundos*, Ray Ferrier conduce a sus hijos al hogar de sus abuelos en Boston, donde esperan su madre y padrastro (con los que viven), y en el proceso se restablece la relación dañada entre ellos. El caso de *Encuentros en la tercera fase* es paradójico, pues el viaje de Roy Neary de retorno a su infancia supone a su vez la ruptura de su familia. En cambio, el pequeño Barry efectúa el viaje inverso, pues al final de la película sale de la nave alienígena para reunirse con su madre.

En cualquier caso, es probablemente el rasgo temático más consistente en la filmografía del director, cuyas películas se articulan en muchas ocasiones alrededor de una familia rota que anhela (y a menudo consigue) una reunión.

La fe es otro tema fundamental que está en la base del género fantástico elegido para este estudio, y que tiene una relación básica con el uso de las omisiones. La fe consiste en creer en lo que no se ve, lo que está con nosotros aunque no se vea a simple vista, así que el mejor modo de expresar dicha idea es a través de estos recursos. En estas películas, esta idea se aplica a seres fantásticos que se manifiestan en nuestro mundo cotidiano; en algunas de estas películas esos seres son luminosos y positivos, en otras son monstruos que nos acechan. En cualquier caso, este tema se desarrolla en dos ramas paralelas: por un lado, la imaginación infantil, la fe en un mundo mágico. Por el otro, la dimensión religiosa del ser humano, llegando a mostrar claros simbolismos tanto del Antiguo como del Nuevo Testamento en películas como *Encuentros en la tercera fase* y *E.T.*

Sin embargo, hay que indicar que en la parte final de la carrera de Spielberg se aprecia un cambio en la percepción de este tema. Este giro arranca en la realización de *La lista de Schindler*, a partir de la cual se detecta una cierta pérdida de inocencia, un desencanto y una visión más adulta y cínica de la cuestión de la fe, tanto en lo que se refiere al punto de vista infantil (que no vuelve a abrazar como en *E.T.*), como en cuanto a las religiones. El ejemplo más claro de esta nueva perspectiva es *Inteligencia artificial*, donde el objeto de la fe de David, el Hada Azul, acaba resultando una simple imagen que se rompe en mil pedazos o un truco visual producido por unos seres artificales avanzados. No se puede decir, en cualquier caso, que el director haya perdido del todo la percepción de trascendencia, y aún cree que la visión infantil es algo valioso que hay que proteger, como nos cuenta en *La guerra de los mundos*. Pero ya no vemos una plena identificación con esa mirada, sino que el punto de vista acompaña ahora al adulto que debe protegerla.

Muchos de estos temas recurrentes en el cine de Spielberg (y la forma de presentarlos) parecen estar relacionados con sus experiencias vitales, en especial con su infancia, y el divorcio de sus padres, que según él mismo le creó un sentimiento de vacío y ausencia, sentimiento que encuentra su más ajustada expresión en la omisión.

Pero también su propia experiencia en el matrimonio y como padre parece haber ido variando la forma en que esos temas son presentados en las películas: si en sus primeras películas aparece el hombre-niño que intenta afirmarse como persona adulta (David Mann en *El diablo sobre ruedas*, el jefe Brody en *Tiburón*), o que huye de las responsabilidades (Roy Neary en *Encuentros en la tercera fase*, Pete en *Always*), posteriormente aparece el personaje que descubre la grandeza de la paternidad (Alan Grant en *Parque Jurásico*, Ray Ferrier en *La guerra de los mundos*).

Otro elemento biográfico fundamental que tiene una gran importancia temática en las películas del director es la figura de su padre, Arnold Spielberg. Primero por la influencia que tuvo sobre el joven Steven, y que provocó su interés por la II Guerra Mundial, la tecnología, los dinosaurios o la astronomía. Precisamente Spielberg sitúa en la noche en que su padre le despertó para ver una lluvia de estrellas el arranque de su interés por la existencia de otros mundos, y su visión positiva sobre ellos. Por lo tanto, una influencia fundamental en todas estas películas fantásticas.

En segundo lugar, la figura de Arnold Spielberg tiene una importancia fundamental en el cine de su hijo por su falta de atención hacia él, debida a su inmersión en el trabajo, y posteriormente por su ausencia tras el divorcio. Esto ha podido traducirse en sus historias en figuras paternas que están ausentes o son retratadas de forma negativa (Quint en *Tiburón*, el padre de Barry y el propio Roy Neary en *Encuentros en la tercera fase*, el padre de Elliott en *E.T.*, los padres de Tim y Lex en *Parque Jurásico*, Henry Swinton y el profesor Hobby en *Inteligencia artificial*, Lamar en *Minority Report*, Ray Ferrier en el arranque de *La guerra de los mundos*).

Al preguntarle a Spielberg en una entrevista qué imagen maestra podía resumir su cine, él respondió:

> El niño de *Encuentros en la tercera fase* abriendo la puerta y permaneciendo en pie frente a esa luz hermosa y a la vez terrorífica, como fuego saliendo por debajo de la rendija. Y él es muy pequeño, y la puerta es muy grande, y hay una gran promesa o un gran peligro detrás de esa puerta.

La imagen da pie al director para exponer su postura frente al misterio, que no es otra que el hombre debe plantearse las grandes cuestiones de la existencia:

> Deberíamos tener miedo de no saber. Y deberíamos dar un paso hacia lo que no entendemos y sobre lo que no sabemos y lo que nos asusta. No deberíamos ser auto-destructivos con ello, pero deberíamos dirigirnos hacia esa especie de luz proverbial y ver qué nos aguarda ahí afuera.[258]

Es sin duda una imagen muy poderosa y sugerente, que nos da a entender que Spielberg no da la espalda al misterio, sino que lo busca con la candidez y la curiosidad de un niño frente a una puerta. También es una imagen hasta cierto punto metalingüística, si entendemos que el pequeño Barry es en ese momento el *alter ego* del espectador. Al igual que él, podemos acercarnos al cine espectáculo de Spielberg con asombro y pureza.

---

[258] Ebert, R. y Siskel, G. *The Future of the Movies: Interview with Martin Scorsese, Steven Spielberg, and George Lucas*. Kansas City, Andrews and McMeel, 1991, p. 72.

14. BIBLIOGRAFÍA

Libros

-Aumont, J. y Marie, M. *Diccionario teórico y crítico del cine*. Buenos Aires, La Marca, 2006.

-Balló, J. *Imágenes del silencio*. Barcelona, Anagrama, 2000.

-Balló, J. y Pérez, X. *La semilla inmortal*. Barcelona, Anagrama, 1997.

-Bauer, S. *Historias asombrosas de Steven Spielberg*. Barcelona, Planeta, 1987.

-Baxter, J. *Steven Spielberg: biografía no autorizada*. Madrid, T&B Editores, 2006.

-Bazin, A. *Jean Renoir*. París, Ed. Champ Libre, 1971.

-Beare, E. (Ed.) *501 must-see movies*. Londres, Bounty Books, 2004.

-Biskind, P. *Moteros tranquilos, toros salvajes*. Barcelona, Anagrama, 2004.

-Brode, D. *The Films of Steven Spielberg*. Nueva York, Citadel Press, 1995.

-Buckland, W. *Directed by Steven Spielberg: Poetics of the Contemporary Hollywood Blockbuster*. Nueva York, Continuum, 2006.

-Burch, N. (1969). *Praxis del cine*. Madrid, Ed. Fundamentos, 1970.

-Caldevilla, D. *El sello de Spielberg*. Madrid, Visión Net, 2005.

-Cantero, M. *Steven Spielberg*. Madrid, Cátedra, 2006.
-Cohen, C. *Maestros del cine: Steven Spielberg*. París, Cahiers du Cinéma Sarl, 2010.
-Crawley, T. *The Steven Spielberg Story*. Nueva York, Quill, 1983.
-Cuéllar, C. *Vocabulario básico del audiovisual*. Valencia, Ediciones de la Filmoteca, 2004.
-Downing, L. y Saxton, L. *Film and Ethics: Foreclosed Encounters*. Nueva York, Routledge, 2010.
-Ebert, R. y Siskel, G. *The Future of the Movies: Interview with Martin Scorsese, Steven Spielberg, and George Lucas*. Kansas City, Andrews and McMeel, 1991.
-Friedman, L. *Citizen Spielberg*. Chicago, University of Illinois Press, 2006.
-Friedman, L. y Notbohm, B. (Ed.) *Steven Spielberg: Interviews*. Jackson, University of Mississippi Press, 2000.
-Gaudreault, A. y Jost, F. *El relato cinematográfico: cine y narratología*. Barcelona, Paidós Ibérica, 1995.
-Genette, G. *Figuras III*. Barcelona, Lumen, 1989.
-Gómez Tarín, F. J. *Discursos de la ausencia: Elipsis y fuera de campo en el discurso fílmico*. Valencia, Ediciones de la Filmoteca, 2006.
-Gordon, A. *Empire of Dreams. The Science Fiction and Fantasy Films of Steven Spielberg.* Nueva York, Rowman & Littlefield, 2008.
-Kaufman, D. *Steven Spielberg*. Madrid, Ediciones J.C., 1983.
-Kolker, R. P. *A Cinema of Loneliness: Penn, Kubrick, Scorsese, Spielberg, Altman*. Nueva York, Oxford University Press, 1988.
-Kotzwine, W. *E.T. el extraterrestre*. Barcelona, Plaza y Janés, 1989.
-Kowalski, D. (Ed.) *Steven Spielberg and Philosophy: We're Gonna Need a Bigger Book*. Lexington, University Press of Kentucky, 2008.
-Lara, A. *Spielberg*. Madrid, Espasa-Calpe, 1991.
-López Izquierdo, J. *Teoría del guion cinematográfico*. Madrid, Ed. Síntesis, 2009.
-Magny, J. *Vocabularios del cine*. Barcelona, Paidós, 2005.

-McBride, J. *Steven Spielberg: A Biography*. Nueva York, Simon & Schuster, 1997.
-Metz, C. *Essais sur la signification au cinéma*, París, Klincksieck, 1968.
-Morris, N. *The Cinema of Steven Spielberg: Empire of Light*. Nueva York, Columbia University Press, 2007.
-Mott, D. y Saunders, C. *Steven Spielberg*. Boston, Twayne Publishers, 1986.
-Ramos, J. y Marimón, J. *Diccionario del guión audiovisual*. Barcelona, Ed. Océano, 2002.
-Sánchez-Biosca, V. *El montaje cinematográfico*. Barcelona, Paidós, 1996.
-Sánchez-Escalonilla, A. *Steven Spielberg. Entre Ulises y Peter Pan*. Madrid, Dossat, 2004.
-Sánchez-Escalonilla, A. (Coord.) *et al. Diccionario de creación cinematográfica*. Barcelona, Ariel, 2003.
-Sanello, F. *Spielberg: The Man, the Movies, the Mythology*. Dallas, Taylor Publishing Co., 1996.
-Silet, C. (Ed.) *The Films of Steven Spielberg*. Oxford, Scarecrow Press, 2002.
-Sinyard, N. *The films of Steven Spielberg*. Londres, Bison Books Ltd., 1987.
-Schickel, R. *Spielberg: A Retrospective*. Londres, Thames & Hudson, 2012.
-Taylor, P. *Steven Spielberg: The Man, His Movies, and Their Meaning*. Nueva York, Continuum, 1994.
-Trueba, F. *Mi diccionario de cine*. Barcelona, Galaxia Gutenberg, 2006.
-Vanoye, F. *Récit écrit-Récit Filmique*. París, Cedic, 1979.
-Vanoye, F. y Goliotlété, A. *Guiones modelo y modelos de guión*. Barcelona, Paidós, 1991.
-Villain, D. *El encuadre cinematográfico*. Barcelona, Paidós, 1997.
-Wilder, B. y Karasek, H. *Nadie es perfecto*. Barcelona, Grijalbo Mondadori, 2000.
-Yáñez, M. *E.T.* Madrid, Editorial Gersa, 1982.

Artículos

-Alarcón, T. «Sueños de infancia. El cine de aventuras», *Dirigido por...*, 442, marzo 2014, pp. 51-57.

-Anderson, R. «Spielberg, el nuevo rey Midas», *Segre*, 23 de noviembre de 1986, pp. 28-31.

-Arthur, P. «Spielberg and Kubrick's Love Child», *Film Comment*, 37.4, 2001, pp. 20-25.

-Baird, R. «Animalizing Jurassic Park's Dinosaurs: Blockbuster Schemata and Cross-Cultural Cognition in the Threat Scene», *Cinema Journal*, 37.4, 1998, pp. 82-103.

-Breskin, D. Entrevista con Steven Spielberg, *Rolling Stone*, 24 de octubre de 1985, pp. 70-80.

-Casas, Q. «Fantasía amable y terror gigante», *Dirigido por...*, 442, marzo 2014, pp. 44-50.

-Castellano, K. «Steven Spielberg, el rey Midas de Hollywood», *El País (suplemento de estilo)*, 77, 1990, pp. 18-23.

-Darnaude, I. «Entrevista con Steven Spielberg», *Magazine, El Mundo del Siglo XXI*, 22 de marzo de 1992, p. 14.

-Deutsch, P. «E.T.: The Ultimate Patriarch», *Jump Cut,* n. 28, 1983, pp.12-13.

-Díaz, V. «E.T. Spielberg habla de E.T., su última película», *ABC*, 8 de junio de 1982, pp. 86-87.

-Díaz-Cuesta, J. «El hombre frente al terror en *Duel*, de Steven Spielberg», *Trama y fondo: revista de cultura*, 12, 2002, pp. 71-81.

-Felperin, L. «Minority Report», *Sight & Sound*, vol. 12, 2002, pp. 44-45.

-Fernández Valentí, T. «Steven Spielberg, hoy», *Dirigido por...*, 442, 2014, pp. 40-43.

-Freixas, R. y Bassa, J. «Steven Spielberg. Fábulas de ayer y hoy», *Dirigido por...*, 443, 2014, pp. 60-63.

-García Ochoa, S. «Análisis intradiscursivo de *Duel*, de Steven Spielberg», *Signa: revista de la asociación española de semiótica*, 15, 2006, pp. 285-300.

-Giles, D. «Conditions of Pleasure in Horror Cinema», *Planks of Reason: Essays on the Horror Film*, Nueva Jersey, Scarecrow, 1983, pp. 38-52.
-Godard, J. L. *et al.* «Hiroshima, notre amour». *Cahiers du Cinéma*, 97, julio 1959, pp. 1-18.
-Greenfield, P. «STOP- and be friendly. *Close Encounters of the Third Kind*», *Movietone News*, 58-59, 1978, pp. 27-32.
-Griffin, N. «In the Grip of *Jaws*», *Premiere*, 9.2, 1995, 88-101.
-Heung, M. «Why E.T. Must Go Home: The New Family in American Cinema», *Journal of Popular Film and Television,* 11.2, 1983, pp. 79-85.
-Joannides, P. «Luminous/ Numinous», *London Review of Books*, 20 enero-3 febrero 1982, p. 16.
-Kennedy, L. «Spielberg in the Twilight Zone», *Wired*, 10.6, 2002, 104-113.
-Myers, W. «Imaginary Companions, Fantasy Twins, Mirror Dreams and Depersonalization», *Psychoanalytic Quarterly*, 45, 1976, pp. 503-524.
-Navarro, A. J. «Futuro imperfecto. El cine de ciencia ficción», *Dirigido por…*, 442, 2014, pp. 58-63.
-Paredes Badía, I. «El cine de prestigio. Spileberg y la tradición del relato épico», *Dirigido por…*, 443, 2014, pp. 54-59.
-Ruppersburg, H. «The Alien Messiah in Recent Science Fiction Films», *Journal of Popular Film and Television*, 14.4, 1987, pp. 159-166.
-Sala, A. «La II Guerra Mundial. Entre el contexto referencial, el marco histórico y la pasión fabuladora», *Dirigido por…*, 443, 2014, pp. 64-70.
-Salisbury, M. «Spielberg», *Empire*, 51, 1994, pp. 82-91.
-Scott, A. O. «The Studio-Indie, Pop-Prestige, Art-Commerce King», *New York Times*, 9 de noviembre de 2003, pp. 60-63.
-Sheehan, H. «The panning of Steven Spielberg», *Film Comment*, 28.2, 1992, pp. 54-60.
-Sragow, M. «A conversation with Steven Spielberg», *Rolling Stone*, 22 de Julio de 1982, pp. 25-28.

-«Steven Spielberg, director de *Tiburón*, en Madrid». Entrevista con Steven Spielberg, *Pueblo*, 18 de febrero de 1978.
-Vizcaíno Martínez, J. C. «En el limbo de la fantasía. Lo fantástico en Spielberg», *Dirigido por...*, 443, 2014, pp. 50-53.
-Williams, T. «Close Encounters of the Authoritarian Kind», *Wide Angle*, 4.5, 1983, pp. 23-29.
-Wuntch, P. «Henry and Melissa and Stephen and E.T.», *Dallas Morning News, Gainesville Sun*, 9 de julio de 1982, B2.
-Zárate, J. R. «Hollywood: La nueva ola», *Nuestro Tiempo*, abril de 1983, núm. 346, pp.102-104.

Recursos electrónicos

-Alcott, T. «Spielberg: Jaws Act I», en toddalcott.com, 2008.
-Alcott, T. «Spielberg: Jaws Act II», en toddalcott.com, 2008.
-Alcott, T. «Spielberg: Jaws Act IV», en toddalcott.com, 2008.
-Alcott, T. «Spielberg: Close Encounters of the Third Kind part one», en toddalcott.com, 2008.
-Alcott, T. «Spielberg: Close Encounters of the Third Kind part three», en toddalcott.com, 2008.
-Alcott, T. «Spielberg: E.T.: The Extraterrestrial», en toddalcott.com, 2008
-Alcott, T. «Spielberg: Jurassic Park part 1», en toddalcott.com, 2008.
-Alcott, T. «Spielberg: Jurassic Park part 2», en toddalcott.com, 2008.
-Alcott, T. «Spielberg: Jurassic Park part 3», en toddalcott.com, 2008.
-Alcott, T. «Spielberg: Artificial Intelligence: A.I. part 2», en toddalcott.com, 2008.
-Alcott, T. «Spielberg: Artificial Intelligence: A.I. part 3», en toddalcott.com, 2008.
-Alcott, T. «Spielberg: Artificial Intelligence: A.I. part 4», en toddalcott.com, 2008.
-Alcott, T. «Spielberg: Minority Report part 4», en toddalcott.com, 2008.

-Alcott, T. «Spielberg: War of the Worlds part 1», en toddalcott.com, 2008.
-Awalt, S. *Steven Spielberg and Duel. The making of a career.* Nueva York, Rowman & Littlefield, 2014. A través de extracto en rogerebert.com.
-Cantuarias Larrondo, P. «Dramaturgia: Personajes, Acciones, Tiempo y Montaje», en cine.vtrbandaancha.net, 2001.
-Eggert, B. «The Definitives. *Jaws* (1975)», en deepfocusreview.com, 2012.
-Gómez Tarín, F. J. «Lo ausente como discurso: la elipsis y el fuera de campo en el texto cinematográfico», en boc.ubi.pt.
-González, L. D. «Elipsis: las omisiones significativas», en bienvenidosalafiesta.com, 2007.
-Heilemann, M. «The Searchers», en kitbashed.com, 2013.
-Howard, E. «Only the Cinema. Close Encounters of the Third Kind», en http://seul-le-cinema.blogspot.com.es/, 2011.
-IMDB. «The Top Box Office Films of the 70´s», en imdb.com, 2011.
-Kipp, J. «Film Review. War of the Worlds», en slantmagazine.com, 2005.
-Wardak, T. «On Direction- Proving the Narrative Significance of *mise-en-scene*», en get-reel.net, 2012.
-Sin autor. «Jaws», en ukessays.com.
-Sin autor. «Close Encounters of the Third Kind», en fromdirector.net, 2014.

Audiovisual

-Spielberg, S. *El diablo sobre ruedas*. DVD. Madrid, Universal Pictures Iberia, 2004.
-Spielberg, S. *Tiburón*. Blu-ray. Madrid, Universal Pictures Iberia, 2012.
-Spielberg, S. *Encuentros en la tercera fase*. Blu-ray. Madrid, Sony Pictures Home Entertainment, 2007.
-Spielberg, S. *E.T. El extraterrestre*. DVD. Madrid, Universal Pictures Iberia, 2002.

-Spielberg, S. *Always (para siempre).* DVD. Madrid, Universal Pictures Iberia, 2003.
-Spielberg, S. *Parque Jurásico*. Blu-ray. Madrid, Universal Pictures Iberia, 2010.
-Spielberg, S. *El mundo perdido*. Blu-ray. Madrid, Universal Pictures Iberia, 2010.
-Spielberg, S. *Inteligencia artificial*. Blu-ray. Madrid, Warner Bros. Entertainment España, 2010.
-Spielberg, S. *Minority Report*. Blu-ray. Madrid, Twentieth Century Fox Home Entertainment España, 2010.
-Spielberg, S. *La guerra de los mundos*. Blu-ray. Madrid, Paramount Home Entertainment España, 2010.
-«Steven Spielberg rodando *El diablo sobre ruedas*». Documental incluido en el DVD *El diablo sobre ruedas*. Madrid, Universal Pictures Iberia, 2004.
-«El tiburón aún funciona: El impacto y legado de *Tiburón*». Documental incluido en el Blu-ray *Tiburón*. Madrid, Universal Pictures Iberia, 2012.
-«Dentro del tiburón». Documental incluido en el DVD *Tiburón. Edición 30 Aniversario*. Madrid, Universal Pictures Iberia, 2005.
-«*Encuentros en la tercera fase*: cómo se hizo». Documental incluido en el Blu-ray *Encuentros en la tercera fase. Edición definitiva 30 aniversario*. Madrid, Sony Pictures Home Entertainment, 2007.
-«Steven Spielberg : 30 años de encuentros». Documental incluido en el Blu-ray *Encuentros en la tercera fase. Edición definitiva 30 aniversario*. Madrid, Sony Pictures Home Entertainment, 2007.
-«La evolución y creación de *E.T.*» Documental incluido en el DVD *E.T. El extraterrestre. Edición coleccionista*. Madrid, Universal Pictures Iberia, 2002.
-«Return to Jurassic Park». Documental incluido en el Blu-ray *Parque Jurásico*. Madrid, Universal Pictures Iberia, 2010.
-«Cómo se hizo *Parque Jurásico*». Documental incluido en el Bluray *Parque Jurásico*. Madrid, Universal Pictures Iberia, 2010.

-«Creando *A.I.*» Documental incluido en el Blu-ray *Inteligencia artificial*. Madrid, Warner Bros. Entertainment España, 2010.

-«Philip K. Dick, Steven Spielberg y *Minority Report*». Documental incluido en el Blu-ray *Minority Report*. Madrid, Twentieth Century Fox Home Entertainment España, 2010.

-«El futuro según Steven Spielberg». Documental incluido en el Blu-ray *Minority Report*. Madrid, Twentieth Century Fox Home Entertainment España, 2010.

-«*Minority Report*: del concepto a la pantalla». Documental incluido en el Blu-ray *Minority Report*. Madrid, Twentieth Century Fox Home Entertainment España, 2010.

-«Revisitando la invasión». Documental incluido en el Blu-ray *La guerra de los mundos*. Madrid, Paramount Home Entertainment España, 2010.

-«Personajes: la unidad familiar». Documental incluido en el Blu-ray *La guerra de los mundos*. Madrid, Paramount Home Entertainment España, 2010.

Misceláneo

-*Tiburón*. Libreto adjunto al Blu-ray *Tiburón*. Madrid, Universal Pictures Iberia, 2012.

-*Notas de producción*. Folleto adjunto al DVD *E.T. El extraterrestre. Edición coleccionista*. Madrid, Universal Pictures Iberia, 2002.

-*E.T. El extraterrestre*. Libreto adjunto al Blu-ray *E.T. El extraterrestre. Edición limitada*. Madrid, Universal Pictures Iberia, 2012.